NCS 교육과정에 따른

수질오염물질 분석

박혜숙

지우북스

머리말

물은 인체에 가장 필수적인 요소이다. 오늘날, 국민의 생활수준이 향상되면서 건강에 대한 관심이 증가함에 따라 안전한 물에 대한 요구가 높아지고 있다. 또한 수자원의 오염이 증가하면서 물의 안전여부를 판단하는 분석업무의 중요성이 점점 증대되고 있다.

수질오염물질 분석은 환경부 수질환경보전법에 근거한 수질오염공정시험법과 NCS를 기반으로 한 교재로서 1주부터 15주까지 진행되는 과정으로 구성하였는데, 수질오염분석 계획 및 안전교육, 시료채취 준비하기, 시료채취 및 저장하기, 관능법으로 맛과 냄새 분석하기, 무게차법으로 부유물질 · 노르말헥산 분석하기, 적정법으로 용존산소 · 생물화학적산소요구량 · 화학적산소요구량 측정하기, 전극법으로 pH · 용존산소 · 전기전도도 측정하기, 비색법으로 암모니아성질소 · 총인 · 총질소 · 철 분석하기 등 시료채취부터 일반오염물질 항목의 분석과정을 수행위주로 상세하게 서술하였다.

따라서, 본 교재는 환경관련학과에 재학 중인 학생들이 NCS교육과정의 실험실습 지침서로 활용하고 국가기술자격 실기시험에 대비할 수 있도록 작성하였다.

끝으로, 이 책의 출판에 도움을 주신 지우북스 서철종 대표님과 직원여러분께 깊이 감사드린다. 그리고 자료를 정리하고 교정을 해준 한밭대학교 건설환경공학과 김동준 님에게도 고마움을 전하며 이 책이 수질오염물질 분석의 전문서로서 일익을 담당할 수 있기를 기대한다.

2019. 2

박 혜 숙

목 차

01 주차

수질오염물질 분석 계획 및 안전교육

주차 01	실 습 과 제 명 수질오염물질 분석 계획 및 안전교육	소요시간 3

학습목표	수질오염물질 분석의 총칙 및 분석방법 소개와 실험실 안전교육

1. 수질오염물질 분석 관련근거

수질오염물질 분석에 관련된 수질오염공정시험방법은 수질환경보전법 제7조 규정에 의하여 환경부고시로 되어 있으며, 그에 따른 수질오염물질시험기준은 「환경분야 시험・검사등에 관한 법률」에 따라 수질오염물질을 측정함에 있어 측정의 정확성 및 통일성을 유지하기 위하여 필요한 제반사항에 대하여 규정함을 목적으로 한다의 규정에 근거하여 분석을 수행한다.

2. 실험의 총칙

(1) 농도 표시

- 백분율(parts per hundred)은

1) 용액 100 mL 중의 성분무게(g), 또는 기체 100 mL 중의 성분무게(g)를 표시할 때는 W/V %

2) 용액 100 mL 중의 성분용량(mL), 또는 기체 100 mL 중의 성분용량(mL)을 표시할 때는 V/V %

3) 용액 100 g 중 성분용량(mL)을 표시할 때는 V/W %

4) 용액 100 g 중 성분무게(g)를 표시할 때는 W/W %

다만, 용액의 농도를 "%"로만 표시할 때는 W/V %를 말한다.

- 천분율(ppt, parts per thousand)을 표시할 때는 g/L, g/kg의 기호를 쓴다.
- 백만분율(ppm, parts per million)을 표시할 때는 mg/L, mg/kg의 기호를 쓴다.
- 십억분율(ppb, parts per billion)을 표시할 때 μg/L, μg/kg의 기호를 쓴다.

(2) 온도 표시

1) 온도의 표시는 셀시우스(celcius) 법에 따라 아라비아 숫자의 오른쪽에 °C를 붙인다.

2) 절대온도는 K로 표시하고, 절대온도 0 °K는 273°C로 한다.

3) 표준온도는 0°C

4) 상온은 15°C ~ 25°C

5) 실온은 1°C ~ 35°C

6) 찬 곳은 따로 규정이 없는 한 0°C ~ 15°C

7) 냉수는 15°C 이하

8) 온수는 60°C ~ 70°C

9) 열수는 약 100°C

10) "수욕상 또는 수욕 중에서 가열 한다"라 함은 따로 규정이 없는 한 수온 100°C에 가열함을 뜻하고 약 100°C의 증기욕을 쓸 수 있다.

11) 각각의 시험은 따로 규정이 없는 한 상온에서 조작하고 조작 직후에 그 결과를 관찰한다. 단, 온도의 영향이 있는 것의 판정은 표준온도를 기준으로 한다.

(3) 기구 및 기기

수질공정시험기준에서 사용하는 모든 기구 및 기기는 측정결과에 대한 오차가 허용되는 범위 이내인 것을 사용하여야 한다.

1) 기구

수질공정시험기준에서 사용하는 모든 유리기구는 KS L 2302 이화학용 유리기구의 모양 및 치수에 적합한 것 또는 이와 동등 이상의 규격에 적합한 것으로, 국가 또는 국가에서 지정하는 기관에서 검정을 필한 것을 사용하여야 한다.

2) 기기

수질공정시험기준의 분석절차 중 일부 또는 전체를 자동화한 기기가 정도관리 목표 수준에 적합하고, 그 기기를 사용한 방법이 국내외에서 공인된 방법으로 인정되는 경우 이를 사용할 수 있다.

3) 연속측정 또는 현장측정의 목적으로 사용하는 측정기기는 공정시험기준에 의한 측정치와의 정확한 보정을 행한 후 사용할 수 있다.

4) 분석용 저울은 0.1 mg까지 달 수 있는 것이어야 하며, 분석용 저울 및 분동은 국가검정을 필한 것을 사용하여야 한다.

(4) 시약 및 용액

1) 시약

시험에 사용하는 시약은 따로 규정이 없는 한 1급 이상 또는 이와 동등한 규격의 시약을 사용하여 각 시험항목별 시약 및 표준용액에 따라 조제하여야 한다.

2) 용액

① 용액의 앞에 몇 %라고 한 것 (예 : 20% 수산화나트륨 용액)은 수용액을 말하며, 따로 조제방법을 기재하지 아니하였으며 일반적으로 용액 100 mL에 녹아 있는 용질의 g수를 나타낸다.

② 용액 다음의 ( ) 안에 몇 N, 몇 M, 또는 %라고 한 것 [예: 아황산나트륨용액(0.1 N), 아질산나트륨용액 (0.1 M), 구연산이암모늄용액(20%)]은 용액의 조제방법에 따라 조제하여야 한다.

③ 용액의 농도를 (1 → 10), (1 → 100) 또는 (1 → 1000) 등으로 표시하는 것은 고체 성분에 있어서는 1 g, 액체성분에 있어서는 1 mL를 용매에 녹여 전체 양의 10 mL, 100 mL 또는 1,000 mL로 하는 비율을 표시하는 것이다.

④ 액체 시약의 농도에 있어서 예를 들면(1+2)리가고 되어 있을 때에는 염산 1 mL와 물 2 mL를 혼합하여 조제한 것을 말한다.

(5) 시험결과의 표시 검토

1) 시험결과의 표시는 정량한계의 결과 표시 자리수를 따르며, 정량한계 미만은 불검출된 것으로 간주한다. 다만, 정도관리 / 정도보증의 절차에 따라 시험하여 목표값보다 낮은 정량한계를 제시한 경우에는 정량한계 미만의 시험결과를 표시할 수 있다.

(6) 관련 용어의 정의

1) 시험조작 중 "즉시" 란 30초 이내에 표시된 조작을 하는 것을 뜻한다.

2) "감압 또는 진공"이라 함은 따로 규정이 없는 한 15 mmHg 이하를 뜻한다.

3) "이상"과 "초과", "이하", "미만"이라고 기재하였을 때는 "이상"과 "이하"는 기산점 또는 기준점인 숫자를 포함하며, "초과"와 "미만"의 기산점 또는 기준점인 숫자를 포함하지 않는 것을 뜻한다. 또 "a ~ b"라 표시한 것은 a 이상 b 이하임을 뜻한다.

4) "바탕시험을 하여 보정한다"라 함은 시료에 대한 처리 및 측정을 할 때, 시료를 사용하지 않고

같은 방법으로 조작한 측정치를 빼는 것을 뜻한다.

5) 방울수라 함은 20°C에서 정제수 20 방울을 적하할 때, 그 부피가 약 1 mL 되는 것을 뜻한다.

6) "항량으로 될 때까지 건조한다"라 함은 같은 조건에서 1시간 더 건조할 때 전후 무게의 차가 g당 0.3 mg 이하일 때를 말한다.

7) 용액의 산성, 중성, 또는 알카리성을 검사할 때는 따로 규정이 없는 한 유리전극법에 의한 pH 미터로 측정하고 구체적으로 표시할 때는 pH 값을 쓴다.

8) 여과용 기구 및 기기를 기재하지 않고 "여과한다"라고 하는 것은 KSM 7602 거름종이 5종 또는 이와 동등한 여과지를 사용하여 여과함을 말한다.

9) "정밀히 단다"라 함은 규정된 양의 시료를 취하여 화학저울 또는 미량저울로 칭량함을 말한다.

10) 무게를 "정확히 단다"라 함은 규정된 수치의 무게를 0.1 mg까지 다는 것을 말한다.

11) "정확히 취하여"라 하는 것은 규정한 양의 액체를 부피피펫으로 눈금까지 취하는 것을 말한다.

12) "약"이라 함은 기재된 양에 대하여 ± 10% 이상의 차가 있어서는 안 된다.

13) "냄새가 없다"라고 기재한 것은 냄새가 없거나, 또는 거의 없는 것을 표시하는 것이다.

14) 시험에 쓰는 물은 따로 규정이 없는 한 증류수 또는 정제수로 한다.

(7) 용기

"용기"라 함은 시험용액 또는 시험에 관계된 물질을 보존, 운반 또는 조작하기 위하여 넣어 두는 것으로 시험에 주지 않도록 깨끗한 것을 말한다.

1) "밀폐용기"라 함은 취급 또는 저장하는 동안에 이물질이 들어가거나 또는 내용물이 손실되지 아니하도록 보호하는 용기를 말한다.

2) "기밀용기"라 함은 취급 또는 저장하는 동안에 밖으로부터의 공기 또는 다른 가스가 침입하지 아니하도록 내용물을 보호하는 용기를 말한다.

3) "밀봉용기"라 함은 취급 또는 저장하는 동안에 기체 또는 미생물이 침입하지 아니하도록 내용물을 보호하는 용기를 말한다.

4) "차광용기"라 함은 광선이 투과하지 않는 용기 또는 투과하지 않게 포장을 한 용기이며 취급 또는 저장하는 동안에 내용물이 광화학적 변화를 일으키지 아니하도록 방지할 수 있는 용기를 말한다.

3. 수질오염물질 항목별 분석방법 및 정량범위

항 목	분석방법	정량범위
1. 온도	직접측정법	−
2. 투명도	지름 30cm 투명도판 사용	−
3. 수소이온농도	pH미터	−
4. 용존산소(DO)	윙클러-아지드화나트륨변법 격막전극법	0.1mg/L 이상 0.5mg/L 이상
5. 생물화학적산소요구량(BOD)	25℃ 5일간 부란	−
6. 화학적산소요구량	• 산성 100℃에서 과망간산칼륨($KMnO_4$)에 의한 화학적산소요구량 • 알카리성 100℃에서 과망간산칼륨($KMnO_4$)에 의한 화학적산소요구량 • 중크롬산칼륨($K_2Cr_2O_7$)에 의한 화학적산소요구량	− − −
7. 색도	투과율법	−
8. 부유물질(SS)	유리섬유여과지법	5mg 이상
9. 노말핵산추출물질	중량측정법	5~200mg
10. 염소이온	질산은 적정법 이온크로마토그래피법	0.7mg/L 이상 0.1mg/L 이상
11. 암모니아성질소	흡광광도법(인도페놀법) 이온전극법 중화적정법	0.002~0.04mg 0.08~80mg/L 0.2~30mg
12. 아질산성질소	흡광광도법(다이아조화법) 이온크로마토그래피법	0.0002~0.002mg 0.1mg/L 이상
13. 질산성질소	이온크로마토그래피법 흡광광도법(브루신법) 자외선흡광광도법 태발다합금 환원증류법(중화적정법) 〃 (흡광광도법)	0.1mg/L 이상 0.001~0.01mg 0.0005~0.1mg 0.2~30mg 0.004~0.8mg
14. 총질소	자외선 흡광광도법 카드뮴환원법 환원증류-킬달법(합산법)	0.005~0.05mg 0.0002~0.002mg 0.008~0.16mg
15. 인산염인	흡광광도법(염화제일주석환원법) 〃 (아스코르빈산환원법)	0.002~0.05mg 0.002~0.05mg
16. 총인	흡광광도법(아스코르빈산환원법)	0.001~0.025mg/mL
17. 페놀류	흡광광도법((4-아미노안티피린)추출법) 〃 ((4-아미노안티피린)직접법)	0.0025~0.05mg 0.05~0.5mg
18. 시안	흡광광도법(피리딘피라졸론법) 이온전극법	0.0025~0.05mg 0.05~0.5mg
19. 플루오르(불소)	흡광광도법(란탄알리자린콩플렉손법) 이온전극법	0.004~0.005mg/L 0.1~100mg/L
20. 크롬	원자흡광광도법 흡광광도법(다이페닐카바지드법) 유도결합플라즈마 발광광도법(ICP)	0.004~0.05mg 0.1~100mg/L 0.2~5mg/L

항 목	분석방법	정량범위
21. 6가크롬	원자흡광광도법 흡광광도법(다이페닐카바지드법) 유도결합플라즈마 발광광도법(ICP)	0.2~5mg 0.002~0.05mg/L 0.007~50mg
22. 아연	원자흡광광도법 흡광광도법(다이페닐카바지드법) 유도결합플라즈마 발광광도법(ICP)	0.05~2mg/L 0.002~0.04mg/L 0.002~100mg/L
23. 구리	원자흡광광도법 흡광광도법(다이에틸다이싸이오카바민산법) 유도결합플라즈마 발광광도법(ICP)	0.2~4mg 0.002~0.03mg/L 0.006~50mg/L
24. 카드뮴	원자흡광광도법 흡광광도법(디어싸이존법) 유도결합플라즈마 발광광도법(ICP)	0.05~2mg 0.001~0.03mg 0.004~50mg/L
25. 납	원자흡광광도법 흡광광도법(디어싸이존법) 유도결합플라즈마 발광광도법(ICP)	1~20mg/L 0.001~0.04mg/L 0.04~100mg/L
26. 망간	원자흡광광도법 흡광광도법(과요오드산칼륨법) 유도결합플라즈마 발광광도법(ICP)	0.1~4mg/L 0.04~0.5mg 0.002~50mg/L
27. 비소	원자흡광광도법 흡광광도법(디에틸디티오카바민산법) 유도결합플라즈마 발광광도법(ICP)	0.005~0.05mg/L 0.002~0.01mg/L 0.05~100mg/L
28. 니켈	원자흡광광도법 흡광광도법(다이메틸글리옥심법) 유도결합플라즈마 발광광도법(ICP)	0.3~6mg/L 0.002~0.05mg 0.015~50mg/L
29. 철	원자흡광광도법 흡광광도법(페난트로린법) 유도결합플라즈마 발광광도법(ICP)	0.3~6mg/L 0.02~0.5mg/L 0.007~100mg/L
30. 수은	원자흡광광도법(환원기화법) 흡광광도법(디어싸이존법)	0.0005~0.01mg/L 0.001~0.025mg/L
31. 알칼리수은	가스크로마토그래피법 원자흡광광도법	0.0005mg/L 이상 0.0005mg/L 이상
32. 유기인	가스크로마토그래피법	각 성분당 0.001~0.02μg
33. 폴리클로리네이트바이페닐(PCB)	가스크로마토그래피법	–
34. 음이온계면활성제(ABS)	흡광광도법(메틸렌블루법)	0.002~0.05mg
35. 휘발성 탄화수소	가스크로마토그래피법(용매추출법)	0.04~0.75mg(TCE)
36. 대장균군	최적화수시험법 막여과시험방법 평판집락 시험방법	0.01~0.2mg(PCE) – –
37. 클로로필 a	흡광광도법	–
38. 전기전도도	전기전도 측정기기	–
39. 분원성대장균군	최적확수시험법 막여과시험방법	– –

4. 실험실 안전교육

(1) 실험실 내 일반적 주의사항

① 실험실에서는 반드시 실험복을 착용한다.

② 잡담을 삼가고 정온한 분위기를 유지한다.

③ 실험실에서는 금연이고 음식물을 섭취해서는 안 된다.

④ 실험실에서는 허가되지 않은 실험을 해서는 안 된다.

⑤ 실험할 때는 안전을 최우선으로 생각하며 서두르지 않는다.

⑥ 실험의 전 과정은 카메라로 촬영해서 실험보고서 작성 시 활용한다.

⑦ 실험을 마친 후 모든 실험기구는 깨끗하게 정리해서 원 위치에 놓는다.

⑧ 실험이 끝나면 전기, 수도 등을 점검하고, 자리를 정돈한 후 퇴실한다.

⑨ 실험이 끝나면 제시된 실험보고서 양식에 맞춰 보고서를 작성하여 제출한다.

(2) 시약사용 시 주의사항

① 시약은 시약명과 분자량을 확인한 후 사용한다.

② 시약은 어떠한 것도 맛을 보아서는 안 된다.

③ 시약의 냄새를 맡을 때는 손으로 부채질해서 맡는다.

④ 강산을 희석할 때는 물에 강산을 넣는다.

⑤ 냄새가 나거나 독성이 함유된 시약은 반드시 후드에서 작업한다.

⑥ 시약사용 시 눈이나 입에 들어가지 않도록 조심하고 만약, 눈에 들어갔을 때에는 흐르는 물에 씻어주거나, 세면대에 설치된 눈 세정장치로 씻어준다.

⑦ 사용 후 남은 시약은 원래의 시약병에 넣지 않고 정해진 통에 폐기한다.

(3) 실험기구 사용 시 주의사항

① 유리로 된 실험기구는 파손 우려가 있으므로 조심해서 다룬다.

② 유리기구는 기구별 용도에 맞게 사용한다.

③ 유리기구를 불에 가열 시 주의하여 사용한다.

④ 유리기구를 세척할 때에는 중크롬산칼륨과 황산의 혼합 용액을 사용한다.

⑤ 전기기구 사용 시 기기와 손을 잘 건조시킨 후 조작한다.

⑥ 모든 실험기구는 사용방법을 숙지한 후 안전하게 사용한다.

(4) 안전에 관한 사항

① 실험할 때에는 각종 기구와 시약, 재료를 쓰기 때문에 이들을 잘못 다루게 되면 화재, 폭발,

부상, 화상, 약품 중독 등의 사고를 유발하게 된다. 따라서 기구의 정확한 조작 방법, 위험한 시약의 취급법을 잘 알고 실험실습에 임하도록 한다.

② 실험 시 가열할 때에는 반드시 실험실에 비치된 가열판을 사용한다.

③ 인화성 시약사용 시에는 후드 안에서 사용한다.

④ 실험 시 사고가 발생할 경우에는 담당교수의 지시를 따른다.

⑤ 실험실 내 소화기가 설치된 곳을 확인하고, 화재 시 소화기를 사용하여 진압한다.

▌실험실습 보고서 작성양식▌

실 습 제 목			
실 습 일 자	년 월 일 시간		
실 습 조		이름	
실 습 조 명			
실 험 목 적			
관 련 이 론			
실 험 시 약			
실 험 기 구			
실 험 기 자 재			
실 험 방 법			
실 험 결 과			
실 험 소 감			

실험 포트폴리오

실험 일시 : 년 월 일 학년 반 번 성명 :	
실험과정 사진 부착	실험 순서 및 설명 작성

02주차

수질 시료채취 준비하기

주차 **02**

실습과제명: **수질 시료채취 준비하기**

소요시간 3

학습목표 수질 시료채취관련 규정 등을 파악하여 시료채취 계획을 수립할 수 있다.

1 시료채취 준비

필요지식 시료채취관련 규정

1. 관련 법률

(1) 「환경분야 시험·검사 등에 관한 법률」 제6조에 관한 규정

이 법률은 수질오염물질을 측정함에 있어 측정의 정확성 및 통일성을 유지하기 위하여 필요한 제반사항을 규정하고 있다. 관련 규정으로는 하천 . 호소 . 하수 . 폐수 . 지하수 그리고 상수도 . 지하수와 관련하여 각각 수질오염공정시험기준과 먹는물 수질공정시험기준이 있다.

(2) 「해양환경관리법」 제10조에 관한 규정

이 법률은 해양수의 수질오염물질 측정에 있어서 측정결과의 정확도 . 정밀도 및 분석방법의 일관성 유지에 필요한 사항을 규정하고 있다. 관련 규정에 해양환경공정시험기준이 있다.

2. 공정시험기준별 적용 범위와 관련법령

(1) 수질오염공정시험기준

지표수나 지하수 등 수질오염물질의 조사에 일반적으로 적용되는 기준이다.

〈표 2-1〉 수질오염공정시험기준의 적용 범위

적용 범위	관련법
하천 및 호소의 환경기준 적합여부 판정 및 오염실태조사	환경정책기본법 수질 및 수생태계 보전에 관한 법률
폐수종말처리시설의 방류수수질기준 적합여부 판정	수질 및 수생태계 보전에 관한 법률
하수도시설의 방류수수질기준 적합여부 판정	하수도법
축산폐수의 방류수수질기준 적합여부 판정	가축분뇨의 이용 및 관리에 관한 법률
지하수의 수질기준 적합여부 판정 및 지하수오염실태조사	지하수법

(2) 먹는물 수질공정시험기준

먹는물이란 「먹는물관리법」 제2조에 따라 먹는 데에 사용되는 자연 상태의 물 · 처리한 수돗물 · 먹는샘물 · 먹는염(鹽)지하수 · 먹는해양심층수 등을 말한다. 적용범위는 먹는물의 수질기준에 적합여부를 시험판정이며 관련법은 「먹는물관리법」 이다.

(3) 해수 환경공정시험기준

적용범위는 해역별 용도별 해역수질 기준의 적합여부 · 해양환경측정망 · 해수의 오염상황조사 · 해양유류오염사고 시 유출유와 유출원인 유류의 비교식별 · 잔류성 유기오염물질 조사 등 해양오염영향조사이다. 관련법은 「해양환경관리법」 이다.

수행 내용 1 관련 규정 및 도구파악

1 각 시험기준별로 적용 범위를 파악한다.

1. 수질오염공정시험기준의 적용 범위를 파악한다.
2. 먹는물수질공정시험기준의 적용 범위를 파악한다.
3. 해수환경공정시험기준의 적용 범위를 파악한다.

2 시험기준의 적용 범위별 시료채취 장비, 도구 등을 파악한다.

〈표 2-2〉 적용 범위별 시료채취 장비 및 도구

적용 범위	장비 및 도구
공통 장비 및 물품	줄, 몸체, 메신저(messenger), 뚜껑, 뚜껑-와이어(wire), 와이어 고정 장치, 시료 밸브, 채수병, 채수병 고정틀, 무게 추, 줄(시료병 및 병마개용 2개), 병 마개, 병마개 여는 체인
하천 · 호소수 · 폐수 · 하수	시료채취 용기, 시료채취기(하이드로 채수기, 반돈 채수기, 딮퍼, 양동이 등)
지하수	시료채취 용기, 지하수용 시료채취기(베일러 채수기)
해수	시료채취 용기, 해양용 시료채취기(니스킨 채수기)

하이드로 채수기

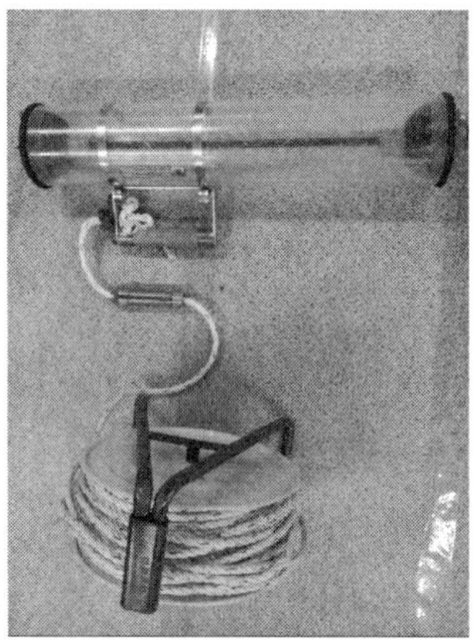
반돈 채수기

베일러 샘플러

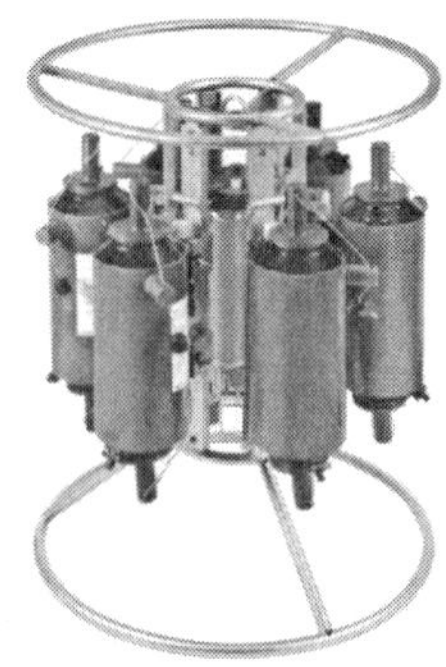
니스킨 채수기

양동이

딮퍼(Dipper)

[그림 2-1] 일반적으로 사용되는 시료채취 장비
(출처: http://www.hydrobios.de/)

③ 각 시험기준에서 아래 사항을 파악한다.

1. 시료채취에 사용되는 용기에 대한 규정을 확인한다.
2. 시료채취 방법에 따른 규정을 확인한다.
3. 채취한 시료의 저장 및 관리에 따른 규정을 확인한다.

4 시료의 전처리 작업에 대한 규정을 파악한다.

1. 시료채취 후에 현장에서 보존제를 첨가하도록 하는 규정에 대하여 필요한 피펫 등의 도구를 확인한다.
2. 보존제를 첨가한 후에 규정 pH를 확인하는 데 필요한 장비를 확인한다(pH페이퍼, pH메타).
3. 현장 정도관리를 위해 첨가한 보존제 및 보존제의 첨가량을 동일하게 첨가하여 바탕시료의 준비 규정을 확인한다.

수행 tip

- 각 규정에 시료채취 관련 용기, 도구에 관한 기준을 표로 정리하여 파악한다.

2 시료채취 장비 및 약품준비

필요지식 시료용기 및 보존방법

1. 시료용기

수질분석용 시료용기는 분석하고자 하는 분석항목에 따라 다를 수 있으며 시료용기는 갈색유리병, 폴리테트라플오로에틸렌(PTFE), poly tetra fluoro ethylene), 스테인레스강 재질의 용기를 무균처리하여 사용하는 것을 원칙으로 한다. 특별하게 규정되지 않은 수질분석항목에 대한 시료용기는 일반적으로 마개가 달린 경질 유리나 폴리에틸렌병(polyethylene)재질의 용기를 사용할 수도 있다. 시료용기는 시험대상 항목 및 시험 횟수에 따라 다르나 보통 3~5 L정도 채수하고, 시험항목에 따라 별도의 시료채취 용기가 사용된다.

〈표 2-3〉 시료 보관 용기의 재질에 따른 분석물질

재질	부피(mL)	분석물질
유리	200	COD[1], TOC[2], 트리할로메탄(Trihalomethane)
	250	수은(Hg)
	500	음이온성 계면활성제(ABS), DO(dissolved oxygen)
	1000	비이온성 계면활성제, 리그닌(lignin)과 탄닌(tannin), BOD[3], 석유탄화수소, 오일, 그리스, PAHs, 농약, PCBs
플라스틱	100	암모니아성질소, 질산염, 아질산성질소, 용존인
	250	pH, 총질소, 알루미늄, 비소, 바륨, 카드뮴, 칼슘, 총크롬(Cr), 6가 크롬(Cr^{6+}), 코발트, 구리, 경도, 철(Fe), 납(Pb), 마그네슘(Mg), 망가니즈(Mn), 몰리브덴(Mo), 니켈(Ni), 셀레늄(Se), 은(Ag), 아연(Zn), 산성과 염기성, 붕소, 브로민, 염소, 자유 및 총 염화물, 색, 전도도, 플루오르화물, 요오드화물, pH, 칼륨, 나트륨, 탁도, 총 질소, 총 인, TKN(Total Kjeldahl Nitrogen)
	1000	BOD, 시안화물, Chlorophyll, 용해 고체, 부유 고체물질

1) COD(화학적산소요구량, Chemical Oxygen Demand)
2) TOC(총유기탄소, Total Organic Carbon)
3) BOD(생물화학적산소요구량, Biochemical Oxygen Demand)의 경우 유리와 플라스틱 용기 모두 사용가능.

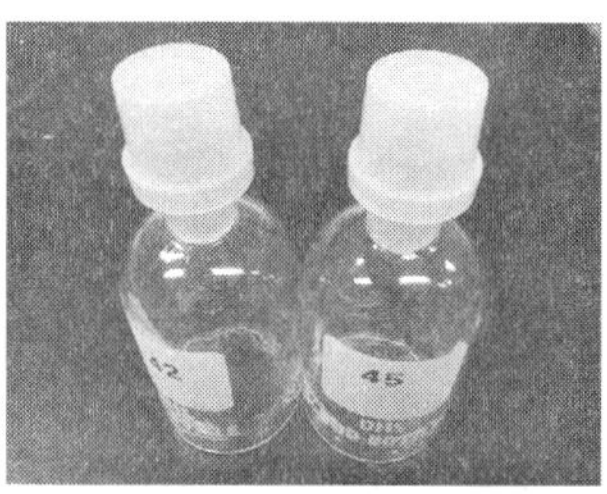

BOD병(DO측정용)

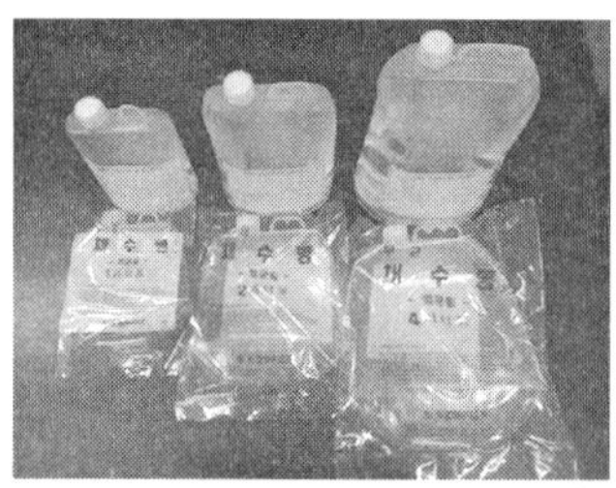
무균채수병

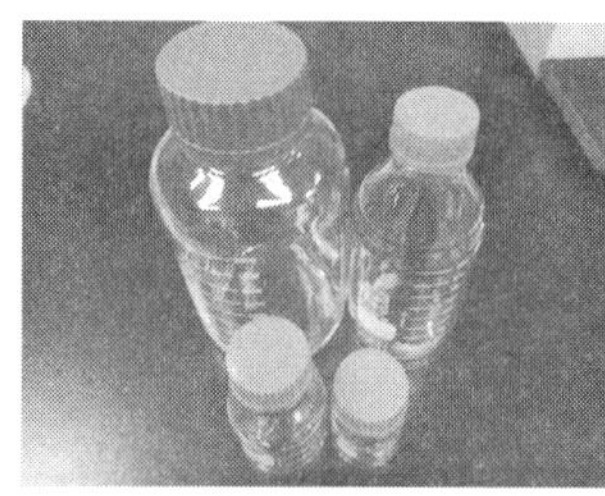
유리병

폴리에틸렌(PE)

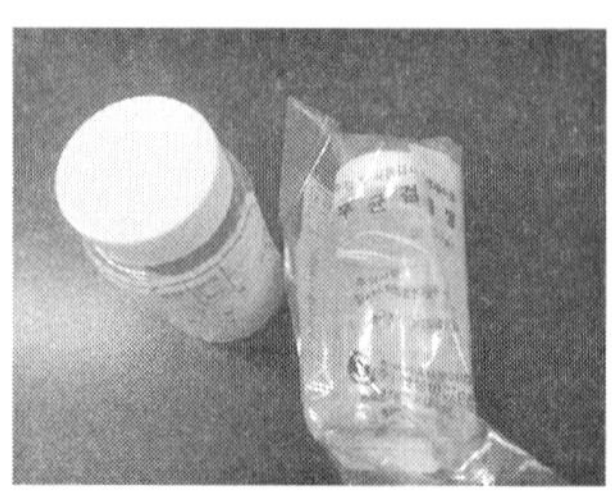
무균검체병

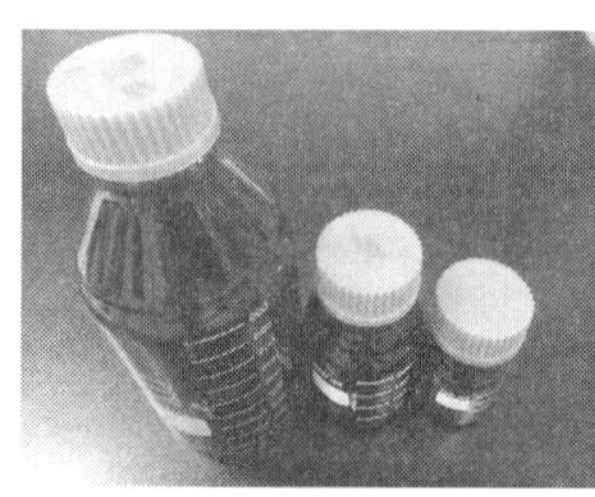
갈색유리병

[그림 2-2] 시료보관 용기의 종류

2. 시료채취 관련 사전 준비사항

시료용기는 시료를 채우기 전에 분석 대상항목에 맞는 정제수 세척・산세척(질산, 염산 등을 사용)・아세톤・열처리(회화 등)・멸균 등을 이용하여 미리 세척하고 보관 및 운반과정에서 오염되지 않도록 한다. 또한 시료를 시료용기에 넣기 전에 반드시 시료로 용기를 3회 이상 씻은 다음 사용하며, 시료를 용기에 채울 때에는 시료의 교란에 주의하고 가능한 공기와의 접촉 시간을 최소화하여야 한다.

3. 시료의 저장 및 보관 사항

수온 · pH · DO · 전기전도도 등 외부환경에 따라 쉽게 변질될 수 있는 항목들은 현장에서 측정하며, 물리 · 화학 · 생물학적인 요인으로 변질될 우려가 높은 성분들은 시료채취 후에 전처리를 하여 운반한다. 총질소(T-N) 및 총인(T-P) 등 영양염류와 BOD 및 COD 등 유기물 항목은 시료에 함유되어 있는 미생물에 의해 시료가 변질되기 쉬우므로 시료채취 즉시 4℃로 이하로 냉장 보관하여 실험실로 운반한다. 특히 날씨가 더운 여름에는 시료의 변질이 빠르므로 운반에 유의하여야 한다. 많은 양의 시료수를 큰 용기로 운반하는 경우 가능한 서늘하고 바람이 잘 통하게 하며, 용기를 빛과 차단하도록 덮어 운반한다.

4. 수질분석 항목별 시료보존제 및 보존기간

하천수, 상하수도, 폐수, 지하수, 먹는샘물, 해수에 대하여 시험항목별 시료보존방법, 보존제 사용 여부 및 보존기간 등은 <표 2-4>에 따른다.

〈표 2-4〉 시험항목별 시료의 보존방법 및 보존기간

항목		시료용기[1]	보존방법	최대보존기간 (권장보존기간)
냄새		G	가능한 한 즉시 분석 또는 냉장 보관	6시간
노말헥산추출물질		경질유리병	4 ℃ 보관, H_2SO_4로 pH〈2	28일
부유물질		P, G	4 ℃ 보관	7일
색도		P, G	4 ℃ 보관	48시간
생물화학적 산소요구량		P, G	4 ℃ 보관	48시간(6시간)
수소이온농도(pH)		P, G	–	즉시 측정
온도		P, G	–	즉시 측정
용존산소	적정법	BOD병	즉시 용존산소 고정 후 암소 보관	8시간
	전극법	BOD병	–	즉시 측정
잔류염소		G(갈색)	즉시 분석	–
전기전도도		P, G	4 ℃ 보관	24시간
총 유기탄소		P, G	즉시 분석, 또는 H_3PO_4, 또는 H_2SO_4를 가한 후 (pH〈2) 4℃ 냉암소에서 보관	28일(7일)
클로로필 a		P, G	즉시 여과하여 −20 ℃ 이하에서 보관	7일(24시간)
탁도		P, G	4 ℃ 냉암소에서 보관	48시간(24시간)
투명도		–	–	–
화학적 산소요구량		P, G	4 ℃ 보관, H_2SO_4로 pH〈2	28일(7일)

항목	시료용기[1]	보존방법	최대보존기간 (권장보존기간)
불소	폴리에틸렌	–	28일
브롬이온	P, G	–	28일
시안	P, G	4 ℃ 보관, NaOH로 pH<12	14일(24시간)
아질산성 질소	P, G	4 ℃ 보관	48시간(즉시)
암모니아성 질소	P, G	4 ℃ 보관, H_2SO_4로 pH<2	28일(7일)
염소이온	P, G	–	28일
음이온계면활성제	P, G	4 ℃ 보관	48시간
인산염인	P, G	즉시 여과한후 4 ℃ 보관	48시간
질산성 질소	P, G	4 ℃ 보관	48시간
총인(용존 총인)	P, G	4 ℃ 보관, H_2SO_4로 pH<2	28일
총질소(용존 총질소)	P, G	4 ℃ 보관, H_2SO_4로 pH<2	28일(7일)
퍼클로레이트	P, G	6 ℃ 이하 보관, 현장에서 멸균된 여과지로 여과	28일
페놀류	G	4 ℃ 보관, H_3PO_4로 pH<4 조정한 후 시료 1 L 당 $CuSO_4$ 1g 첨가	28일
황산이온	P, G	6 ℃ 이하 보관	28일(48시간)
금속류(일반)	P, G	시료 1L 당 HNO_3 2 mL 첨가	6개월
비소	P, G	1L당 HNO_3 1.5 mL로 pH<2	6개월
셀레늄	P, G	1L당 HNO_3 1.5 mL로 pH<2	6개월
수은(0.2 ug/L 이하)	P, G	1L당 HCl(12 M) 5 mL 첨가	28일
6가크롬	P, G	4 ℃ 보관	24시간
알킬수은	P, G	HNO_3 2 mL/L	1개월
다이에틸헥실프탈레이트	G(갈색)	4 ℃ 보관	7일(추출 후 40일)
1.4-다이옥산	G(갈색)	HCl(1+1)을 시료 10 mL당 1~2방울씩 가하여 pH<2	14일
염화비닐, 아크릴로니트릴, 브로모폼	G(갈색)	HCl(1+1)을 시료 10 mL당 1~2방울씩 가하여 pH<2	14일
석유계총탄화수소	G(갈색)	4 ℃ 보관, H_2SO_4 또는 HCl으로 pH<2	7일 이내 추출, 추출 후 40일
유기인	경질유리병	4 ℃ 보관, HCl로 pH<5~9	7일(추출 후 40일)
폴리클로리네이티드비페닐(PCB)	경질유리병	4 ℃ 보관, HCl로 pH<5~9	7일(추출 후 40일)
휘발성유기화합물	G	냉장보관 또는 HCl을 가해 pH<2로 조정 후 4 ℃ 보관 냉암소 보관	7일(추출 후 14일)
총대장균군 환경기준적용시료	P, G	저온(10℃ 이하)	24시간
총대장균군 배출허용기준 및 방류수 기준 적용시료	P, G	저온(10℃ 이하)	6시간
분원성 대장균군	P, G	저온(10℃ 이하)	24시간
대장균	P, G	저온(10℃ 이하)	24시간
물벼룩 급성 독성	G	4 ℃ 보관	36시간
식물성 플랑크톤	P, G	즉시 분석 또는 포르말린용액을 시료의 3~5% (V/V) 가하거나 글루타르알데하이드 또는 루골용액을 시료의 1~2% (V/V)가하여 냉암소보관	6개월
일반세균, 녹농균, 여시니아균	멸균G	4 ℃ 보관	24시간
총대장균군 등 그 밖의 미생물 항목			30시간

P = polyethylene, G = Glass

5. 방해물질이 존재하는 시료에 사용되는 약품

채취한 시료에 방해물질이 존재하면 수질분석 항목별로 약품을 사용한다. 주요 방해물질에 대한 수질분석 항목별 약품과 첨가량은 다음과 같다.

〈표 2-5〉 시험항목별 시료의 보존방법 및 보존기간

방해물질의 종류	수질분석 항목	약품 처리 방법
잔류염소	암모니아성 질소	티오(싸이오)황산나트륨용액(0.09%)를 첨가
	시안	시료 1 L당 아스코르빈산 1 g 첨가
	다이에틸헥실프탈레이트	시료 1 L당 티오(싸이오)황산나트륨 80 mg 첨가
	1,4-다이옥산, 염화비닐, 아크릴로니트릴 및 브로모폼	시료 40 mL당 티오황산나트륨 3 mg 첨가 또는 이스코빈산 25 mg 첨가하거나 시료1 L당 염화암모늄 10 mg 첨가
	휘발성유기화합물	시료 1 L당 아스코르빈산 1 g 첨가
	일반세균 등 미생물	멸균한 티오황산나트륨용액을 최종농도 0.03 %(w/v) 되도록 첨가
산화성 물질	시안	시료 1 L당 이산화비소산나트륨 또는 티오황산나트륨 0.6 g 첨가
	페놀류	황산암모늄철용액 첨가

수행 내용 2 시료용기 선택하기

1 시료용기는 시료와 반응하지 않는 것을 사용하며 외부 충격에 쉽게 부서지거나 외부 공기와의 접촉을 차단할 수 있어야 하며 새지 않아야 한다.

2 채취할 시료 용량에 적합한지 확인한다.

3 무기물 분석용 시료용기는 플라스틱 재질을 사용하는 것이 가장 좋고 나선 모양의 뚜껑이 있어 꽉 조여 사용할 수 있어야 한다.

4 유기물질 분석용 시료용기는 폴리테트라플오로에틸렌(PTFE)으로 된 뚜껑을 가진 유리와 폴리테트라플오로에틸렌 용기를 주로 사용한다.

5 유기물질 추출용 시료용기는 나선 모양의 뚜껑과 폴리테트라플오로에틸렌(PTFE)으로 안을 감싼 실리콘 격막(septum)이 있는 붕규산염(borosilicate) 유리 바이알(vial)을 사용한다.

수행 내용 3 시료용기 세척하기

1 일반 시료용기는 아래 절차로 세척하여 보관한다.

1. 뜨거운 비눗물과 솔을 이용해 닦는다.
2. 뜨거운 물로 헹군 후에 10 ~ 15% 질산(HNO_3)을 사용해 헹군다.
3. 영양물질을 보관하는 경우 10 ~ 15% 염산(HCl)으로 다시 한 번 더 헹군다.
4. 끝으로, 정제수로 헹군 후에 완전히 건조시킨다.
5. 저장 또는 운반할 때는 시료용기를 알루미늄 호일로 밀봉한다.

2 물리적 성분, 미네랄 분석용 시료용기는 아래 절차로 세척하여 보관한다.

1. 플라스틱 또는 유리병을 사용하고, 전용 세척제를 사용해 세척한다.
2. 뜨거운 비눗물로 병과 뚜껑을 닦고, 비눗물이 없어질 때까지 수돗물로 헹군다.
3. 정제수로 병과 뚜껑을 3~5회 반복하여 헹구어 낸 후에 물기를 제거하고 사용하기 전까지 뚜껑을 닫아 보관한다.

3 영양염류, BOD, COD 등 분석용 시료용기는 아래 절차로 세척하여 보관한다.

1. 플라스틱 또는 유리병을 사용하고, 전용 세척제를 사용해 세척한다.
2. 뜨거운 비눗물로 병과 뚜껑을 닦고, 비눗물이 없어질 때까지 수돗물로 헹군다.
3. 50% 염산으로 병과 뚜껑을 헹구고, 정제수로 3~5회 반복하여 헹구어 낸 후에 물기를 제거하고 사용하기 전까지 뚜껑을 닫아 보관한다.

4 중금속류 분석용 시료용기는 아래 절차로 세척하여 보관한다.

1. 뚜껑이 있는 플라스틱 병을 사용하고, 전용 세척제를 브러쉬에 묻혀 병과 뚜껑을 닦는다.
2. 비눗물이 없어질 때까지 수돗물로 헹군 후 탈이온수로 헹군다.
3. 염산(1+1)으로 병과 뚜껑을 헹구고, 10% 질산으로 다시 한 번 헹군다.
4. 탈이온수로 3~5회 반복하여 헹구어 낸 후에 물기를 제거하고 사용하기 전까지 뚜껑을 닫아 보관한다.

5 농약류 등 추출을 통한 유기물질(extractable organics) 분석용 시료용기는 아래 절차로 세척하여 보관한다.

1. 폴리테트라플오로에틸렌(PTFE)으로 뚜껑을 감싼 1 L 좁은 입구 유리병을 사용하되 플라스틱

또는 고무 뚜껑으로 된 병은 사용하면 안 된다.

2. 전용 세척제를 사용해 세척하고, 플라스틱 용기에 보관된 액체 또는 가루 세제를 사용하면 안 된다.
3. 농약분석용 아세톤으로 헹군다.
4. 뜨거운 전용 세척 용액으로 병과 뚜껑을 씻는다.
5. 비눗물이 없어질 때까지 뜨거운 수돗물로 5회 이상, 탈이온수, 농약분석용 아세톤 순서로 헹군 후에 건조시켜 포장하여 먼지가 없는 곳에 보관한다.
6. 또는 탈이온수로 헹군 후 400°C 회화로에서 30 ~ 60분간 가열하고, 냉각 후 포장하여 먼지가 없는 곳에 보관한다.

6 VOCs, THMs 등 분석용 시료용기는 아래 절차로 세척하여 보관한다.

1. 안쪽이 폴리테트라플오로에틸렌(PTFE) 격막으로 되어 있는 40 mL 유리 바이알을 사용하고, 플라스틱 혹은 고무 뚜껑으로 된 병은 사용하면 안 된다.

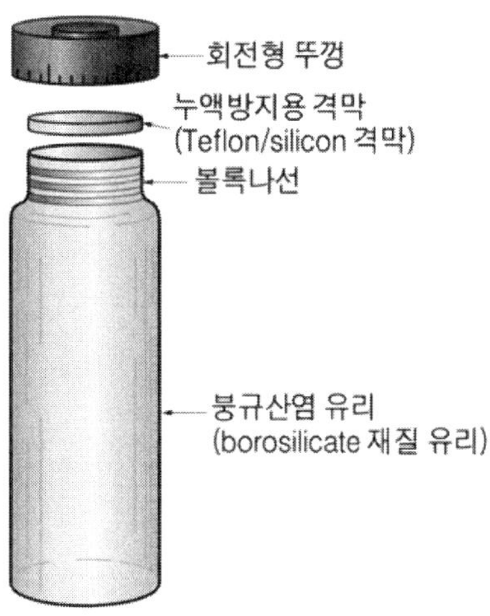

[그림 2-3] 바이알 시료용기

2. 뜨거운 전용 세척용액으로 병과 뚜껑을 씻는다.
3. 뜨거운 수돗물과 탈이온수 순으로 헹군 뒤 농약분석용 메탄올을 사용해 씻어내고, 60분 동안 105°C 건조기에서 바이알 용기, 뚜껑, 격막을 건조시킨다.

수행 내용 4 약품 준비하기

1 티오황산나트륨용액 (0.09%) 용액

1. 티오황산나트륨을 준비한다.
2. 정제수를 50 mL를 100 mL 용량 플라스크에 준비한다.
3. 티오황산나트륨 0.09 g을 녹인다.
4. 정제수를 넣어 표선 (100 mL)에 맞춘다.

2 염산 (1+1) 용액

1. 정제수 100 mL를 200 mL 비이커에 준비한다.
2. 염산 100 mL를 정제수 100 mL에 조금씩 넣으며 혼합한다(염산을 다룰때는 배기 시설을 이용한다)

3 10% 질산 용액

1. 정제수 100 mL를 용량 1000 mL 비이커에 준비한다.
2. 질산 10 mL를 준비한다.
3. 질산을 정제수가 담긴 비이커에 조금씩 넣으며 혼합한다.

[시료의 전처리 방법]

전처리 방법	적용시료
질산법	유기물 함량이 낮은 깨끗한 하천수나 호소수등의 시료에 적용
질산-염산법	유기물 함량이 비교적 높지않고, 금속의 수산화물 · 산화물 · 인산염 및 화합물을 함유하고 있는 시료에 적용
질산-황산법	유기물 등을 다량 함유하고 있는 대부분의 시료에 적용
질산-과염소산법	유기물을 다량 함유하고 있으면서 산화분해가 어려운 시료들에 적용
질산-과염소산-불화수소산법	다량의 점토질 또는 규산염을 함유한 시료에 적용

③ 현장시료채취 계획 수립 및 채취지점 선정

필요지식 시료채취 대상과 채취지점 선정

1. 시료채취의 대상과 목적

시료채취 계획에서는 현장 여건과 그에 따른 시료채취 방법을 결정하는 것이 중요하다 시료채취 방법은 시료채취 대상(하천 · 호소 · 폐수 · 지하수 등)과 수질분석 항목에 의해 달라진다. 수질분석 항목은 시료채취 목적(일반조사, 기준초과여부 등)에 의해 결정되므로 시료채취 대상 수역과 채취 목적을 명확히 숙지해야 한다.

2. 시료채취 현장업무

시료채취에서는 현장 여건의 파악, 적절한 장비 및 도구의 사용, 수질분석 항목별 시료 전처리 및 시료의 저장 및 운반, 보관 행위가 이루어진다. 또한 시료채취에서는 조사 총괄 관리자, 실험분석자, 정도보증/정도관리 담당자, 현장 시료채취자 등 인력이 참여하므로 비용도 요구된다.

시료채취 계획 수립에서는 이러한 내용을 포함하여 조사 목적, 현장 변동성, 소요 비용, 비기술적인 요소의 4가지 사항을 고려해야 한다. 이후 계획의 세부 사항으로 채수의 시기, 주기, 위치를 결정하여 포함한다. 이에 계획 수립자가 숙지해야 할 사항은 아래와 같다.

① 조사의 목적을 이해하고 조사가 객관적이며 전체적으로 균형이 유지되도록 한다.

② 가능하다면 동시에 시료채취가 이루어질 수 있도록 하여 조사결과가 상호 보완이 될 수 있도록 한다.

③ 조사결과가 분석 또는 통계분석, 모델링 등에 이용될 경우 분석결과의 해석이 용이하도록 사선에 협의하여 활용도를 극대화할 수 있도록 계획한다.

④ 기존 자료를 수집 및 분석하여 조사 대상 특성을 파악한 후에 시료채취 계획을 수립한다.

⑤ 조사 횟수는 소요 비용에 따라 제한된다. 대상 수체의 특성과 조사목적에 따라 제한된 횟수에서 조사 지점수 또는 조사 횟수를 늘리거나, 또는 조사의 정확도를 높이기 위해 반복 횟수를 늘릴 수 있다. 제한된 예산 범위에서 목적하는 결과를 얻을 수 있도록 최적의 조사 지점과 조사 횟수를 설정한다.

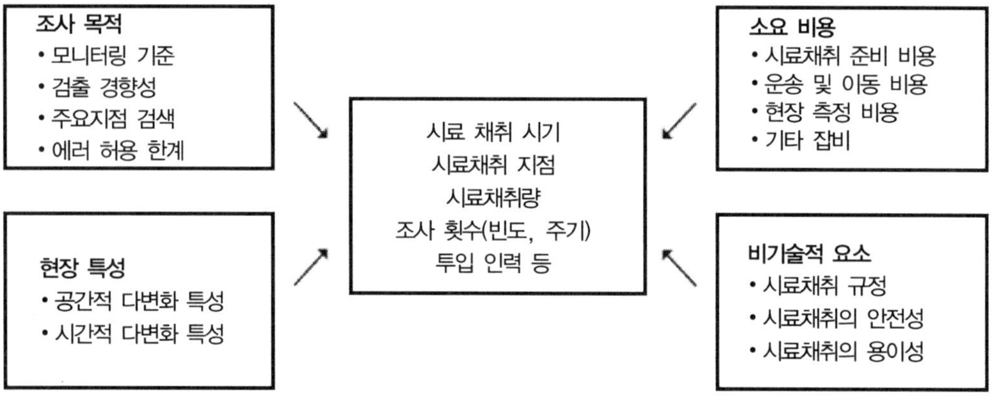

[그림 2-4] 시료채취 계획 수립에 고려해야 할 사항

3. 시료채수 지점 선정 규정

(1) 배출시설, 하수처리시설 등 폐수 · 하수 시설의 시료채취 지점

산업시설이나, 하수처리시설 등은「수질 및 수생태계 보전에 관한 법률」제32조의 규정에 의거하여 산업시설이 설치된 위치 · 지역(청정지역, 가 · 나지역 등)에 따라 배출허용기준을 정하고 있으며 부지 경계선 밖으로 배출되는 폐수는 오염물질을 저감 또는 제거한 후에 외부로 배출시켜야 한다. 따라서 폐수나 하수의 시료채취 지점은 폐수처리장 방류수를 채취한다. 특히, 폐수의 성질을 대표할 수 있는 곳에서 시료를 채취하며 폐수의 방류수로가 한 지점 이상일 때에는 각 수로별로 채취하여 별개의 시료로 한다. 또한 필요한 경우 부지 경계선 외부의 배출구 수로에서도 채취할 수 있으며, 시료채취 시에는 우수나 조업목적 이외의 물이 포함되지 않아야 한다.

자동시료채취기로 시료를 채취할 경우에는 6시간 이내에 30분 이상 간격으로 2회 이상 채취하여 일정량의 단일 시료로 한다(Composite sampling).

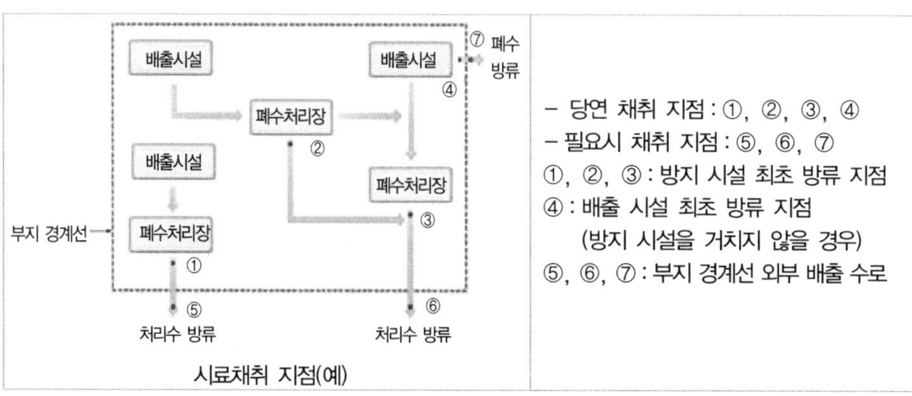

[그림 2-5] 배출시설의 시료채취 지점

(2) 하천에서의 시료채취 지점

하천수의 오염 및 이용 목적에 따라 수질 시료채취 지점을 선정하며 하천본류와 하천지류가 합류하는 경우에는 합류 이전의 각 지점과 합류 이후 충분히 혼합된 지점을 각각 채수한다. 또한 하천본류에 하천지류가 유입되는 경우에는 본류 구간에서 지류하천이 합류되기 이전과 합류 이후에 충분히 혼합된 지점, 지류하천의 최하류 지점에서 수질시료를 채취한다.

특히, 시료채취 지점은 대상의 수질상태를 판단할 수 있는 대표성이 있는 지점으로 선정해야 한다. 또한 수체로 유입하는 오염원의 영향을 평가하기 위한 지점, 담수와 해수의 혼합지점인 하구에서 오염물질의 혼합 및 확산 과정을 파악하기 위한 지점, 수역별 오염물질의 변화 과정에 따른 영향 파악이 필요한 지점 등을 고려하여 선정한다.

또한 시료를 채취하기 전에 수심을 측정하여 하천의 단면에서 수심이 가장 깊은 수면의 지점과 그 지점을 중심으로 하여 좌우로 수면 폭을 2등분한 각각의 지점의 수면으로 부터 수심 2 m 미만일 때에는 수심의 1/3에서, 수심이 2 m 이상일 때에는 수심의 각각 1/3 및 2/3 지점에서 채수한다.

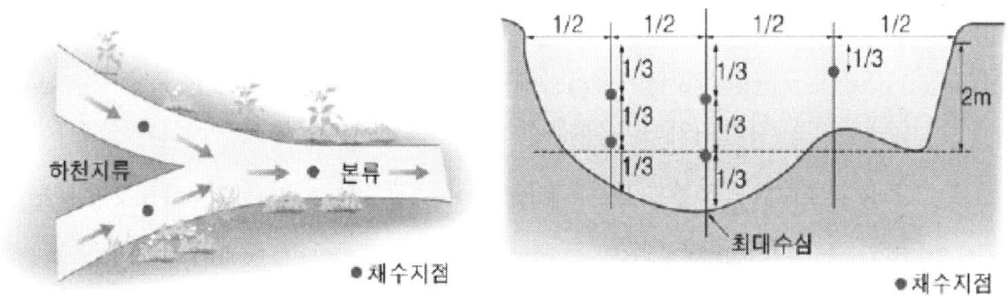

[그림 2-6] 하천에서의 시료채취 지점

(3) 호소의 시료채취 지점

호소는 계절, 시간, 조사위치 등에 따라 다양한 수질을 가진다. 그러므로 수체의 대표성을 제대로 나타낼 수 있는 시료채취 위치를 정하기 위해서는 기존 자료조사, 예비 조사 등 충분한 검토가 실시되어야 한다. 특히 호소로 유입되는 하천지류 또는 폐수 등은 호소의 수체와 충분히 혼합되기 어려워 조사지점을 잘못 설정할 경우 호소수질의 과소, 과대평가가 되기 쉽다.

특히 호소는 수직 성층(vertical stratification) 또는 열적 성층(thermal stratification)이 형성되어 있어 수심에 따라 수질이 다른 특성을 가지고 있다. 따라서 "수온약층(thermocline)"이 형성된 경우에는 상부와 하부의 수질이 달라 서로 섞이지 않으므로 수심별로 1 개 이상의 시료를 채취해 조사해야 한다. 이러한 경우 시료채취에 앞서 수온약층의 수심을 먼저 파악하고 수온약층을 중심으로 상부와 하부시료를 채취할 수 있도록 한다.

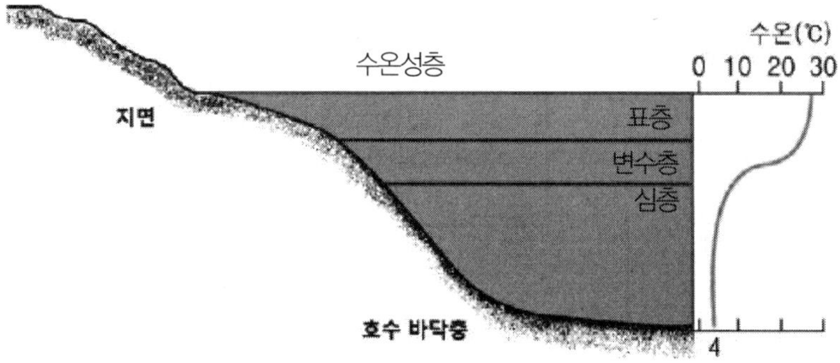

[그림 2-7] 호소에서의 수온약층 형성 개요

(4) 지하수의 시료채취 지점

지하수 시료의 채수는 대부분 관측정에서 이루어진다. 관측정은 지하수 흐름 방향을 기준으로 상류와 하류에 각각 1개씩 설치되어 있다. 관측정을 이용하면 지하수 수질을 확인할 수 있으며, 또한 지하수 유동 등 수리・수문적 특성을 파악할 수 있다.

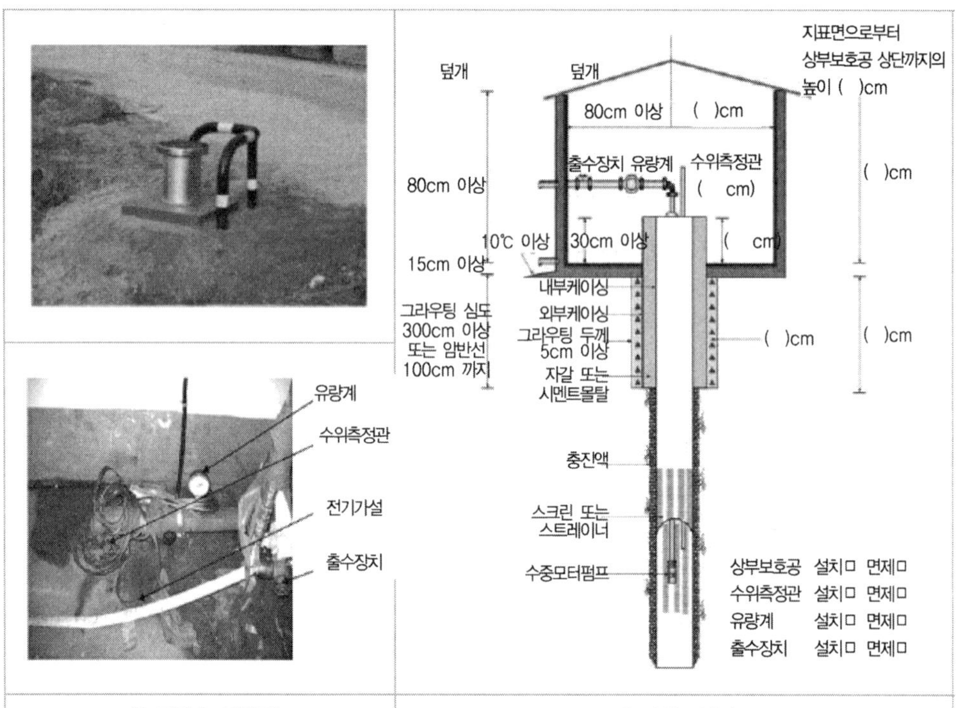

① 지하수 관측정 ② 지하수 관측정 구조도

[그림 2-8] 지하수 관측정 구조와 실제 관측정

4. 시료채수 주기 결정의 고려사항

(1) 시료채취 목적에 따라 계절변화, 강우영향, 일주기・주간・월간 변화 등 다양한 주기를 선정할 수 있다.

(2) 공장폐수, 도시하수 등은 30분 간격으로 2회 이상 복수시료를 채취하여 단일 시료로 하는 경우도 있다.

(3) 시료는 성상, 유량, 유속 등의 시간에 따른 변화(폐수의 경우 조업 상황 등)를 고려하여 현장물의 성질을 대표할 수 있도록 채취하여야 하며, 수질 또는 유량의 변화가 심하다고 판단될 때에는 오염상태를 잘 알 수 있도록 시료의 채취횟수를 늘리고 채취 시의 유량에 비례하여 시료를 섞어 단일 시료로 한다.

(4) 먹는물은 먹는물 수질검사 주기 규정에 따라 조사 주기를 정할 수 있다.

수행 내용 5 시료채취 계획 수립하기

1 시료채취 계획의 수립 체계를 확인하고 수립에 필요한 현장여건, 대상 특성, 수질분석 항목을 점검한다.

조사 목적 → 조사 대상 → 조사 항목 → 조사 지점 → 채취 수심 → 조사 주기

[그림 2-9] 시료채취 계획 수립 체계

1. 수질오염분석의 목적(현황 조사, 특성 분석, 기준초과여부 등)을 파악한다.
2. 수질오염분석 시료의 채취 대상(하천수, 호소수, 공장폐수, 지하수, 하천, 하구, 해양)의 현장 특성을 파악한다.
3. 수질분석 항목이 시료채취 목적에 적합한지를 확인하고 수질분석 항목을 최종 확인한다.

2 시료채취 지점을 선정한다.

1. 수질을 대표할 수 있는지를 파악한다.
2. 시료채취 지점 주변 여건과 구조 등을 파악한다.
3. 접근성・안전성 등을 확인한다.
4. 시료채취가 용이한 지점을 선정한다.

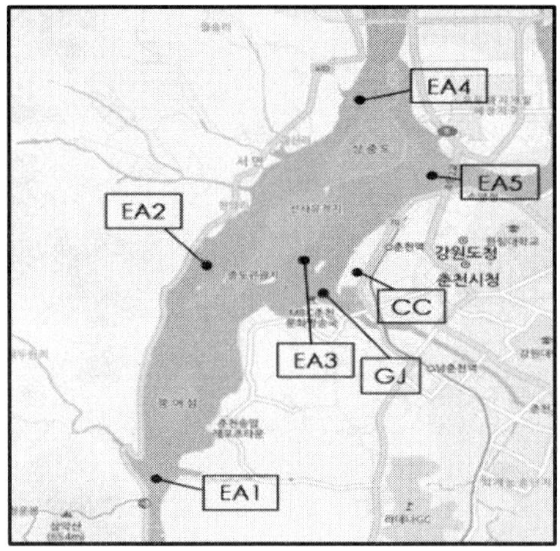

[그림 2-10] 시료채취 지점의 선정 사례

3 시료채취에 투입할 인력과 소요 시간 및 비용을 산출한다.

1. 시료채취 개소당 필요한 인력(원)을 산출한다.
2. 개소당 시료채취 업무에 소요되는 시간을 산출한다.
3. 시료채취에 요구되는 비용을 산출한다.

4 시료채취의 주기를 결정한다.

5 소요 인력 및 시간, 비용 그리고 주기를 고려하여 세부 계획을 수립한다.

6 수립된 시료채취 계획을 시간 순서에 따라 작성한다.

〈표 2-6〉 시료채취 계획표 작성 예시

일자	시간	계획사항	추가업무	확인사항
1/3	09:00	A지점 시료채취	현장 측정 병행	측정장비
"	10:30	B지점 시료채취	유량조사병행	유속계 점검
"	11:00	C지점 시료채취	수심별 채수	선박 확보

수행 tip

- 조사 주기별로 일정표에 인원, 준비물을 넣어 표로 작성한다.
- 수리적 특성, 계절적 특성, 유역활동의 시간적 변동, 수질인자의 시 · 공간적 분포 등에 유의한다. 만약 정보가 부족한 경우에는 사전조사(답사 또는 예비조사)를 통해 기본 정보를 확인하고 계획을 확정한다.

03주차

수질 시료채취 및 저장하기

주차 03	실 습 과 제 명 수질 시료채취 및 저장하기	소요시간 3

학습목표	수질 시료채취 및 저장을 할 수 있다.

1 시료채취

필요지식 시료채취 방법

1. 하천 · 호소 등 지표수의 시료채취

지표수 시료를 채취할 때에는 안전성 · 접근성 등을 고려하여 주의를 기울이며 채취하고, 시료의 교반 또는 바닥(저질토)의 교란, 협작물의 유입 등이 없게 채취한다. 가능하다면 수체의 대표성을 확보할 수 있도록 소형 선박을 이용하여 하천 · 호소의 내부에서 채취를 하며, 배를 이용하지 못할 경우에는 주변지역의 지형지물을 충분히 고려하여 시료를 채취한다.

(1) 교량에서의 시료채취 방법

교량은 가장 신속하고 경제적으로 시료채취를 할 수 있는 좋은 시설이다. 교량은 접근이 용이하고 시료채취 지점을 정확히 식별할 수 있으며, 시료채취를 위한 수평 및 수직적 위치를 통제할 수 있을 뿐만 아니라 모든 기후, 유량조건에서 안전하게 채취할 수 있다. 다만 차량 등 교통에 의한 안전사고의 위험이 있으니 안전대, 교통통제 등 주변의 교통상황에 주의하여야 한다.

(2) 선박을 이용한 시료채취 방법

선박을 이용하여 시료를 채취할 경우 하천이나 호수에서는 길이 방향 및 가로 방향 등 원하는 모든 지점에서 시료를 채취할 수 있다. 그러나 넓은 수역에서 동일한 조사지점에서 시료를 반복하여 채수해야 하는 경우, GPS(global positioning system)를 이용하여 조사지점의 좌표를 파악해 두면 시료채취자가 바뀌어도 동일지점의 시료채취가 가능하다. 얕은 수심에서 선박을 이용하는 경우에는 선박의 스크류로 인해 수체 및 바닥 퇴적물이 교란될 수 있으므로 시료채취 시 유의해야 할 사항이다. 선박을 이용한 시료채취에서는 기상조건을 미리 파악하고 이동시간을 고려해야 한다.

(3) 직접 시료채취 방법

하천과 같이 수심이 얕은 수역에서는 직접 걸어 들어가서 시료를 채취할 수 있다. 이 경우 수중 도보로 인한 하상이 교란될 수 있으므로 채수 시에 주의해야 할 사항이다. 시료를 채취할 때 채수자는 유하 방향의 반대 방향을 바라보며 위치하고 시료채취 용기의 입구를 유하 방향의 반대 방향으로 향하게 하여 충분히 담구어 시료를 채취한다. 하천 유속이 빠르거나, 수심이 깊은 경우 반드시 개인 안전장구를 착용하고 하천에 들어가야 한다.

(4) 제방기슭 또는 하천변에서의 시료채취 방법

수역으로 직접 걸어 들어가기 어렵거나 선박 또는 교량의 이용이 어려운 경우 사용한다. 일반적으로 제방의 굽어진 맨 바깥쪽의 물살이 빠르기에 이곳을 시료채취 지점으로 선정하고 딮퍼(Dipper) 등을 이용하면 쉽게 시료채취를 할 수 있다.

2. 사용 중인 지하수 관정에서의 시료채취

지하수개발・이용시설(이하 '취수정'이라 한다) 내에서 2시간 이상 된 물은 대기와 접촉하거나 취수정 재질과 반응하여 성상이 달라질 수 있으므로 고여 있는 물을 퍼내고 새로 나온 물을 시료로 한다. 고여 있는 물을 퍼내는 양은 당시 고여 있는 부피의 4~5배가 일반적이며 퍼낸 물의 수소이온 농도와 전기전도도를 연속적으로 측정하여 이 값이 평행에 도달할 때까지로 한다(측정값이 유사해지는 시점까지).

시료채취에서는 지하수 수질의 상태에 따라 지하수가 오염되었다고 판단될 경우 시료채취 장비 및 용기를 매회 채취 시마다 산 용액(0.1N염산) 또는 유기용매로 씻어준 다음에 증류수로 씻는다. 시료채취 용기는 시료를 채우기 전에 시료로 3회 이상 씻은 다음 사용한다.

기타 지하수 시료채취에서 숙지해야 할 사항은 아래 표와 같다.

〈표 3-1〉 지하수 시료채취 시 숙지해야 할 사항

구 분	고려사항
용기 사용	채취한 시료를 용기에 채울 때에는 어떠한 경우에도 시료의 교란이 일어나서는 안 되며, 가능한 한 신속히 공기와의 접촉시간을 짧게 하여 채취한다.
보관과 운반	채취된 시료는 즉시 시험하여야 하며, 그렇지 못할 경우에는 수질오염공정시험방법 중 시료의 보관방법에 따라 보존하여 규정된 시간 내에 실험하여야 한다.
시료량	시료채취량은 시험항목 및 시험횟수에 따라 차이가 있으나 보통 3~5L 정도이어야 한다. 다만, 시료를 즉시 시험할 수 없어 보존하여야 하는 경우 또는 시험항목에 따라 각각 다른 채취용기를 사용하여야 할 경우에는 시료채취량을 적정하게 증감할 수 있다.

3. 지하수 관측정에서의 시료채취

관측정 내부에 고여 있는 물을 퍼내어 관측정의 설치 및 관측정의 재질 등에 의한 화학적, 생물학적 오염물을 제거 또는 감소시켜 지하수 수질을 안정화하는 퍼징(Purging)을 실시한다.

퍼징방법은 관측정에 담겨져 있는 지하수 양을 3배 이상 퍼징하는 것을 원칙으로 하고 있으며, 다만 다음과 같은 경우에는 퍼징을 수행하지 않아도 된다.

① 계속 사용수정에서 시료를 채취할 때이거나, 시료채취 전에 3배 이상 양수되었을 때
② 시료채취 깊이별로 밀폐시켜 놓았을 때
③ 수위하강속도가 너무 빠를 때
④ 굴착공에 차 있는 지하수의 양이 적어 퍼징에 의해 관측정 바닥의 퇴적물이 교란될 가능성이 있을 때
⑤ 관측정에 수중펌프가 설치되어 있으며, 수중펌프의 흡입구가 나공 또는 스크린 구간에 위치하여 시료교란이 우려될 때
⑥ 퍼징양 저감장치를 사용하거나 저속펌프를 사용하여 안정화 요건이 만족될 때

4. 분석항목 중 금속류와 유기화합물이 있는 경우의 시료채취

〈표 3-2〉 성분별 시료채취 시 숙지사항

성분별	시료채취 및 분석시 숙지사항
금속류	• 보존용액과 혼합할 수 있을 정도의 공간을 남겨 두고 시료를 채취한다. • pH 2 이하가 되도록 질산을 첨가하며, 다만, 6가크롬 분석용 시료는 산성보존제를 첨가하지 않으며, 가능한 빠른 시간(24시간) 내 운반하여 실험한다. • 지하수 침전물로부터 오염을 피하기 위하여 보존 전에 현장에서 여과(0.45μm)하는 것을 권장한다.
휘발성 유기 화합물	• 유리재질의 시료병을 준비하여 뚜껑의 격막을 만지지 않도록 주의한다. • 시료병 입구의 수면이 볼록해질 때까지 시료를 채우되 공기가 유입되지 않게 채운다. • 빠르게 뚜껑을 닫고 병을 뒤집어 공기 방울이 있으면, 시료를 다시 채취한다. • 4℃ 이하로 보관하여 운반한다(별도 아이스박스 사용).

수행 내용 1 지표수 시료채취하기

| 재료 · 자료

- 수질공정시험기준 규정, 체크리스트, 필기도구, 테이프, 저온용시료통, 무균시료병(1L, 2L, 4L), DO병, BOD병, 줄자, 막대자, 양동이, 비이커, 깔데기, 야장(Field note), 필기도구, 계산기, 지도, 나침반, DO고정시약, 질산(HNO_3), 황산(H_2SO_4)

| 기기(장비 · 공구)

- 채수기, 현장측정기기(용존산소측정기, 수소이온농도 측정기, 온도계, 수심측정기), 안전장구(구명조끼, 장화, 위생장갑 등), 교통안전장비(삼각대, 라바콘 등)

[1] 시료채취 지점의 채수 여건(수면의 상태, 거리 등)을 파악한다.

[2] 직접 채수가 가능한지 점검하고, 채수가 가능하면 다음의 절차를 따른다.

1. 구명조끼, 장화, 위생장갑 등 안전장구를 착용한다.
2. 시료용기의 겉뚜껑 및 속뚜껑 등을 제거한다. 이때 시료용기 내부가 오염되지 않게 주의한다.
3. 안전에 주의하면서 조사지점으로 이동한다. 시료채취를 위해 용기 윗부분을 하천에 충분히 담근다 (※수질시료를 담기 전에 조사지점의 하천수로 3회 이상 세척을 한다).
4. 시료용기가 충분히 잠기면 하천의 흐름방향으로 용기를 움직여 수질시료를 담근다.
5. 시료를 충분히 담은 후에는 오염되지 않게 빠르게 용기의 속뚜껑과 겉뚜껑을 닫는다.

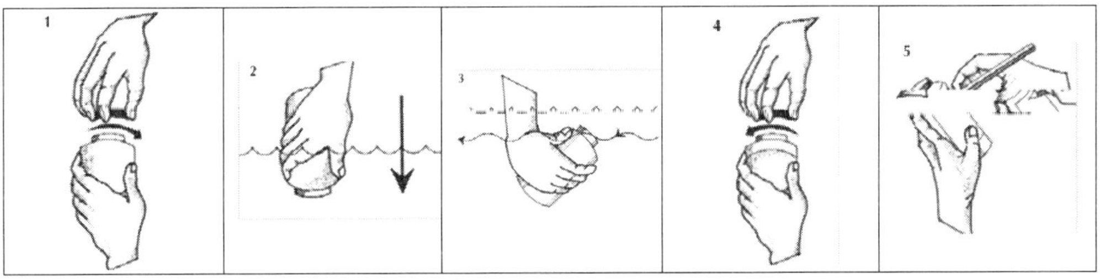

[그림 3-1] 시료용기 직접 이용하여 시료를 채취하는 방법

출처) Quality of domestic water supplies, Volume 2: Sampling Guide, Water Research Commission

[3] 채수 위치가 교량일 경우 교통 상황을 파악하고 아래 절차를 따라 채수한다.

1. 안전장비를 착용하고, 시료채취 지점으로 이동하여 교통안전 삼각대, 라바콘 등 교통안전 장비를 설치한다.

[그림 3-2] 안전을 위한 장비

2. 시료채취 시 안전요원을 배치하여 교통통제 등 안전사고에 유의한다.
3. 시료채취기를 이용하여 하천・호소 등의 수질시료를 채취한다.
4. 시료용기에 시료를 옮길 때에는 채수기 내부의 교란이 일어나지 않도록 주의하며, 시료가 외부 영향을 받아 오염되지 않도록 주의한다.

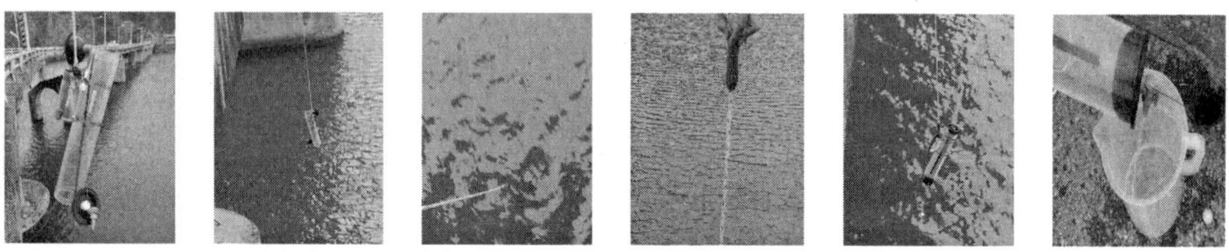

[그림 3-3] 교량에서 채수하고 시료를 용기에 담는 과정

④ 채수 위치가 선박인 경우에는 다음의 절차를 따른다.

1. 구명조끼, 위생장갑 등 안전장구를 착용한다.
2. 안전에 주의하면서 조사지점까지 이동한다.
3. 시료채취기를 이용하여 하천・호소 등의 수질시료를 채취한다.
4. 시료용기에 시료를 옮길 때에는 채수기 내부의 교란이 일어나지 않게 주의하며, 시료가 외부 영향을 받아 오염되지 않도록 주의한다(시료채취기의 오염상태를 확인후 채수한다)
5. 시료를 충분히 담은 후에는 오염이 되지 않게 빠르게 용기의 속뚜껑과 겉뚜껑을 닫는다.

⑤ 채수 시료를 용기에 옮긴 후 용기 외부의 물기를 깨끗이 제거하고, 시료명, 채취일시를 표시한 라벨을 시료에 부착한다.

⑥ 현장기록 대장에 채수자, 채취위치, 채취일자, 기타 채수 시 특징을 기록한다.

수행 tip

- 준비물 목록은 채취 규정을 통해 작성한다.
- 시료용기는 시료계획 수에 비하여 몇 개 많게 준비한다.
- GPS(global positioning system) 등을 이용하면 조사지점까지 정확하게 이동할 수 있도록 한다.

수행 내용 2 지하수 시료채취하기

1 시료채취 지하수공의 이용 상태를 파악한다.

1. 기존에 이용되고 있는 시설인 경우에는 수행순서 3을 적용한다.
2. 관측정이나 그간 사용이 안 된 시설인 경우에는 수행순서 2를 적용한다.

2 지하수공이 기존 이용되고 있는 시설인 경우 다음의 절차를 따른다.

1. 펌프를 작동시킨 후에 취수정에 고여 있던 물을 충분히 퍼낸다.
   ※ 취수정 내에 고여 있는 물의 4～5배를 퍼낸다.
2. 지하수의 수소이온농도(pH)와 전기전도도(EC)를 측정한다.
3. 지하수 수질을 측정하여 pH 및 EC가 평행에 도달할 때까지 퍼낸다.
4. 측정값이 안정화될 경우 지하수 시료를 채취한다.
5. 시료를 충분히 담은 후에는 오염이 되지 않게 빠르게 용기의 속뚜껑과 겉뚜껑을 닫는다.

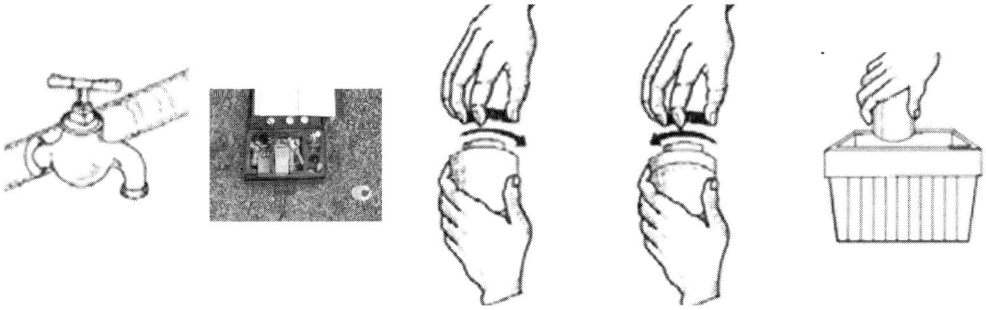

[그림 3-4] 지하수의 시료채취와 시료를 용기에 담는 과정

③ 지하수공이 관측정으로 사용되고 있거나 장기간 사용되지 않은 경우라면 다음의 퍼징(purging) 절차를 따른다.

1. 관측정의 수위를 측정한다.
2. 측정된 수위로부터 퍼징할 수량을 계산하고 확인한다(퍼징 수량은 관측정 내 지하수 양의 약 3배 이상이다).
3. 관측정 내부에 퍼징 장비(베일러, 블레이드 펌프, 수중펌프 등)를 설치한다(퍼징 장비는 스크린 구간 내에 설치하고 기포(aeration)가 발생하지 않도록 주의한다).
   (1) 펌프를 이용하는 경우에는 펌프유속을 낮추어 관측정 내부의 지하수를 양수한다.
   (2) 펌프의 유속은 권장 유속인 0.2 ~ 0.3 L/min 이하로 한다.
   (3) 산출률이 높은 관측정(수위가 2시간 내에 80% 이상 회복되는 관측정)은 관측정의 전체 스크린 구간에서 지하수를 양수한다.
   (4) 수위측정기를 이용해 펌프흡입구를 하강시킬 때 교란을 방지하기 위하여 조심스럽게 다루며, 최종 흡입구 위치를 원하는 시료채취 깊이에 위치시킨다.
4. 퍼징을 시작하고, 초기 퍼징된 지하수를 배출시킨다.
5. 시간에 따른 양수량, 펌프 중단 시간, 양수율 등을 기록한다.
7. 퍼징 후 하수 관측정의 최종 수위를 측정하고 기록한다.
8. 관측정 내부에 교란이 일어나지 않도록 주의하며 시료채취기(베일러)를 이용한 시료를 채취한다.
   (1) 현장측정과 시료채취를 하는 동안 최종적인 펌프흡입구 위치를 동일하게 유지하며 펌프위치를 바꾸지 않는다.
   (2) 현장측정을 위해 일정한 유속으로 Flow cell을 통해 흘려보낸다.

[그림 3-5] 관측정 시료채취를 위한 퍼징, 수위측정, 시료채취 과정 사례

④ 채수 시료를 용기에 옮긴 후 용기 외부의 물기를 깨끗이 제거하고, 시료명, 채취일시를 표시한 라벨을 시료에 부착한다.

⑤ 현장기록 대장에 채수자, 채취위치, 채취일자, 기타 채수 시 특징을 기록한다.

수행 tip

- 준비물 목록은 채취 규정을 통해 작성한다.
- 시료용기는 계획수에 비하여 조금 더 준비한다.

② 시료채취 장비 및 도구사용

필요지식 시료채취에 필요한 장비

1. 디퍼(Dipper)의 구성과 용도

- 구성 : 비이커(beaker), 막대기(pole), 클램프(vari-grip clamp)
- 막대기를 원하는 길이만큼 조정하여 원거리(약 2~4m)의 물을 채취할 때 사용한다.

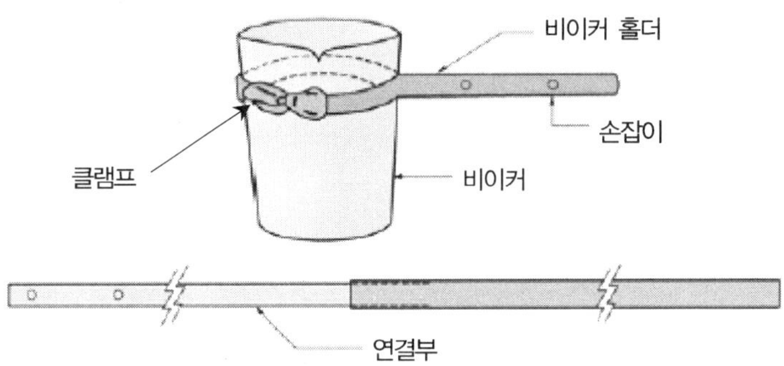

[그림 3-6] 디퍼의 구성

2. 양동이의 구성과 용도

- 구성 : 양동이(3~5 L이상), 줄, 줄감개
- 교량 등과 같이 높은 위치에서 줄을 이용하여 하부의 물을 채취할 때 사용한다.

3. 하이드로 채수기(hydro sampler)의 구성과 용도

- 구성 : 하이드로 채수기, 줄(채수기용, 병뚜껑용), 줄감개 등
- 일정 수심의 깊이에 물을 채취할 때 사용하며, 채수기를 채수 수심까지 내린 후에 병 뚜껑을 열어 물을 담아 채취한다.

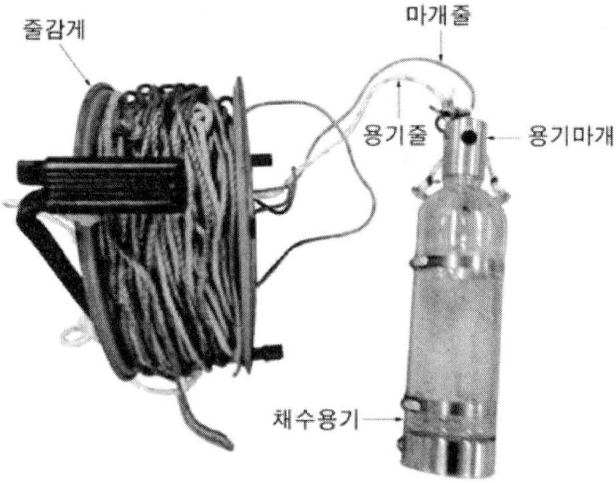

[그림 3-7] 하이드로 채수기의 구성

4. 반돈 채수기(van Dorn sampler)의 구성과 용도

- 구성 : 반돈 채수기, 메신저, 줄, 줄감개 등
- 일정 수심의 깊이에 물을 채취할 때 사용하며, 수직형 · 수평형 등 두 가지 종류가 있다. 채수기를 원하는 수심까지 내린 후에 메신저를 내려 채수기 뚜껑을 닫아 물 시료를 채취한다.

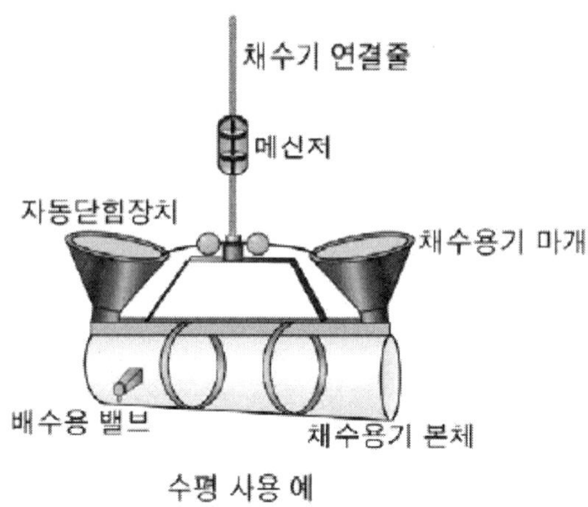

[그림 3-8] 반돈 채수기의 구성

5. 베일러(Bailer) 채수기의 구성과 용도

- 구성 : 베일러(bailer), 줄(rope)
- 2인치 이상의 내경을 갖는 지하수 관정 등과 같이 폭이 좁은 곳의 물을 채취할 때 사용하며, 베일러 하부에 볼(boll)이 있어 원하는 수심에 시료를 채취할 수 있다.

6. 지하수위 측정기의 구성과 용도

- 구성 : 센서(sensor), 줄, 줄감개 등
- 좁은 내경의 관정에 센서를 내려 지하수위를 측정할 때 사용한다.

※ 센서 : 물과 같은 수용액이 닿으면 버저(buzzer)가 울리거나, 또는 램프(lamp)가 켜진다.

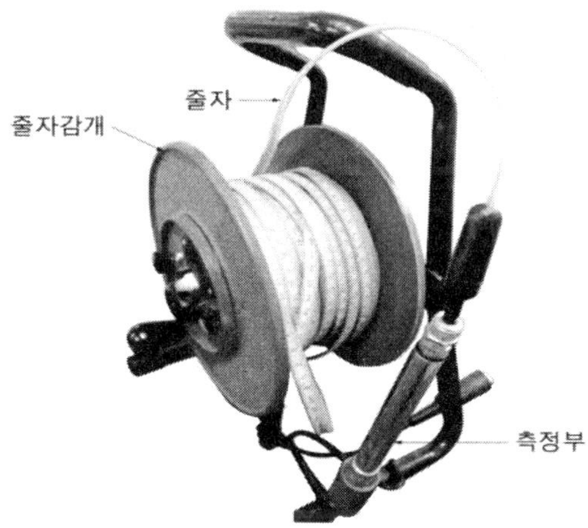

[그림 3-9] 지하수 채취 장비의 구성

7. 현장용 필터장치의 구성과 용도

- 구성 : 여과장치, 주사기(또는 휴대용 펌프), 감압용 호스
- 시료가 협작물이 많거나, 혼탁한 경우, 또는 용존성 물질 등을 분석하기 위해 현장에서 여과할 때 사용한다.

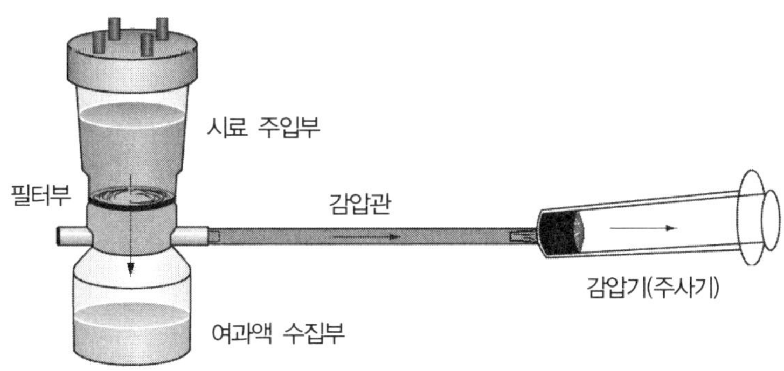

[그림 3-10] 현장 여과장치의 구성도

수행 내용 3 지표수 시료 채수 장비 및 도구 사용하기

1 디퍼의 사용방법을 익힌다.

1. 비이커를 클램프로 고정하여 샘플러를 조립한다.
2. 클램프의 볼트와 너트가 제대로 조여 있는지 확인한다.
3. 시료채취를 위해 원하는 거리까지 막대기(pole)를 조절한다.
4. 비이커를 수표면에 와류가 생기지 않도록 천천히 기울여 담근다.
5. 시료가 담겨졌다면 비이커를 외부로 올린다.
6. 시료보관 용기의 뚜껑을 제거하고 비이커를 기울여 천천히 물을 채운다.
7. 시료용기에 물시료가 충분히 채워질 때까지 반복하여 동일지점에 시료를 채취한다(2~5를 반복).

2 양동이의 사용방법을 익힌다.

1. 교량 또는 지형지물을 이용하여 시료를 채취한다. 이때 주위를 살펴 교통상황 파악 및 안전사고 등에 유의한다.
2. 안전장비를 착용하고, 시료채취 지점으로 이동하여 교통안전 삼각대, 라바콘 등 교통안전 장비를 설치한다.
3. 시료채취를 하는 동안 안전요원을 배치하여 교통통제 등 안전사고에 유의한다.
4. 양동이(시료채취기)의 줄(rope)을 조심하여 풀어가면서 수면 위까지 내려 와류 및 교란이 발생되지 않게 주의하면서 시료를 채취한다.
5. 양동이에 시료가 충분히 담겼으면 줄을 서서히 당겨 외부로 올려 시료용기에 옮겨 담는다.
6. 시료용기에 시료를 옮길 때에는 채수기 내부의 교란이 일어나지 않게 주의하며, 시료가 외부 영향을 받아 오염되지 않도록 주의한다.

3 하이드로 채수기의 사용방법을 익힌다.

1. 장비의 구조와 명칭을 파악한다.

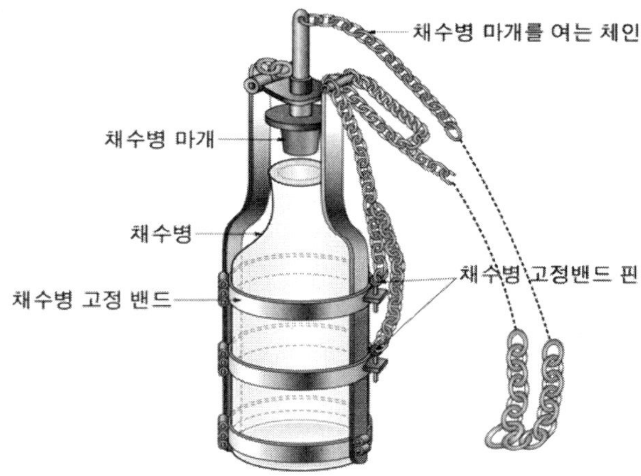

[그림 3-11] 하이드로 채수기의 주요 부위 명칭

2. 하이드로 채수기의 마개고리를 이용하여 마개가 열린 상태에서 조사지점의 시료를 3회 이상 세척한다.
3. 하이드로 채수기를 채취 수심까지 충분히 내린다.
4. 채수지점에 도달하면 마개고리를 조작하여 조사지점 시료를 채수기 내부로 유입시킨다.
5. 채수기 내부에 시료가 채취지면 채수기 마개를 닫고 수중에서 꺼낸다.
6. 채수기 마개를 열고 교반이 밀어나지 않게 주의하면서 시료를 용기에 옮겨 담는다.

4 반돈 채수기는 아래의 순서로 사용한다.

1. 장비의 구조와 명칭을 파악한다.

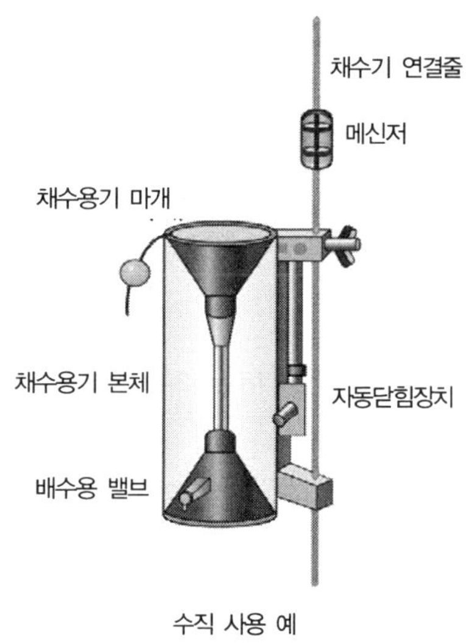

[그림 3-12] 반돈 채수기의 주요 부위 명칭

2. 양쪽에 있는 '뚜껑(end seal)'을 열고, 각각의 '뚜껑-와이어(end seal wire)'를 '와이어 고정 장치(trip mechanism)'에 건다.

※ 채수기 내부가 오염되지 않도록 하고 조사지점의 시료로 3회 이상 세척한다.

3. 채수기를 채취 수심까지 충분히 내린다.
4.'줄(rope)'에 '메신저(messenger)'를 걸어 끼운 후에 아래로 내려보낸다.
5.'뚜껑(end seal)'이 닫힌 것을 '줄(rope)'을 통해 느꼈을 경우 채수기를 끌어 올린다.
6. 채수기를 수면 밖으로 올린 후, 안전한 장소로 이동한다. '시료 벨브(drain valve)'를 열어 교반이 일어나지 않게 주의하면서 시료용기에 옮겨 담는다.

수행 내용 4 지하수 시료 채수장비 및 도구 사용하기

1 베일러 채수기의 사용방법을 익힌다.

1. 퍼징된 지하수 관정에 내부로 오염물질 등이 유입되지 않도록 주의한다.
2. 퍼징된 지하수관정의 고여 있는 물을 관정부피의 3~5배 이상 퍼내고 관정이 안정화될 때까지 기다린다(지하수 수위를 측정하며 수위 파악).
3. 위생장갑을 착용하고, 베일 러채수기의 포장비닐을 벗긴다. 이때 베일러 채수기가 오염되지 않게 주의한다.
4. 관정 내부로 베일러 채취기를 지하수위 또는 원하는 위치까지 서서히 내려보낸다.
5. 시료가 채취기에 충분히 담길 때까지 수 분간을 기다린 후에 베일러 채수기를 조심해서 올린다.
6. 대기 중 공기와 접촉을 최대한 줄여 채취한 시료를 용기에 옮겨 담는다. 이때 휘발성유기오염물질 분석용시료를 가장 먼저 담으며 시료병에 공기방울이 없도록 한다.

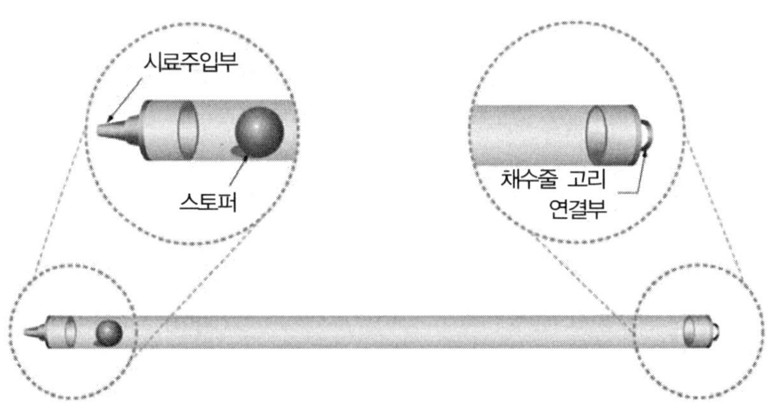

[그림 3-13] 베일러 채수기의 형태

2 지하수위 측정기의 사용방법을 익힌다.

1. 관측정 덮개를 제거하고 내부로 오염물질 등이 유입되지 않도록 주의한다.
2. 지하수위 측정기의 전원을 켜고 센서의 작동 상태를 확인한다.
3. 관정 내부로 유입되는 센서 및 줄(rope)을 깨끗이 닦아 외부로부터의 오염을 예방한다.
4. 센서를 관정 내부로 1 cm 단위 길이로 서서히 내린다. 이때 관정의 중심부로 센서가 내려갈 수 있도록 하여 관정 외부에 묻어 있는 수분에 의해 오작동이 나지 않도록 주의한다.
5. 센서가 지하수위와 닿아 버저(buzzer) 또는 램프(lamp) 등이 작동이 되면 멈추고, 줄(rope)에 길이 단위의 눈금을 읽어 수위를 측정 · 기록한다.
6. 측정기록이 끝나면 센서를 끌어 올리고 전원을 끈다.
7. 사용 후 센서 및 줄(rope)은 깨끗이 세척하여 운반(보관)한다.

수행 내용 5 현장용 필터 사용하기

1 현장용 시료 여과장치를 설치하여 여과를 준비한다.

2 시료를 여과하기 전에 모든 튜브 및 필터 플라스크를 정제수로 3회 이상 세척한다.

3 시료를 일정량 넣고 내부 압력을 낮추어 시료가 여과지를 통과하게 한다.

4 여과한 시료를 누액 여부를 확인한 시료용기에 옮겨 담는다.

5 시료용기 외부의 물기를 깨끗이 제거한다.

6 시료라벨을 부착한 후에 시료명, 채취일시 등 필요한 사항을 작성하고 저장상자(아이스박스)에 담는다.

현장에서의 시료 여과

용기에 시료 담기

운반을 위한 저장

[그림 3-14] 현장 여과, 시료 담기, 운반을 위한 저장 과정 사례

7 필터 장치를 정제수로 3~4회 세척하고 오염되지 않게 비닐팩 등으로 밀봉한다.

③ 시료채취 기록 및 관리

필요지식 시료채취 기록

1. 시료채취 현장의 기록 목적과 방법

현장에서 시료를 채취하는 동안 발생되는 모든 사항은 기록하고 관리되어야 하며, 시료분석, 분석결과의 통계분석 등에 활용될 수 있도록 특이사항 등 육안으로 관찰된 사항도 모두 정리 및 기록되어져야 한다.

현장에서 채취한 모든 시료용기에는 시료라벨을 부착한다. 이러한 라벨은 시료를 확인하고 구분하는 데 중요한 요소이다. 라벨에는 방수용 잉크를 사용해 작성함으로써 시료취급 과정(운반 · 보관 · 분석 등) 중에 시료번호 등이 지워지지 않도록 한다. 또한 현장 노트(field note)는 현장에서 발생된 모든 사항을 작성하며, 가급적 방수용 용지와 하드커버를 사용하여 기록사항이 손실되지 않도록 주의하여야 한다. 모든 현장기록 내용 또한 방수용 잉크를 사용하여 작성하고, 잘못 적은 내용은 한 줄을 긋고, 수정한 사람의 이름과 서명, 날짜 등을 반드시 표기한다.

현장 기록 내용에는 시료채취기록부, 시료 라벨, 시료 보존준비기록, 시료 인수인계서, QC 및 시료 보존제 첨가 준비 기록부 등이 있다.

2. 시료채취와 채취 현장에 대한 기록사항

- 시료채취자와 시료채취에 참여한 모든 사람의 이름
- 시료의 일련번호(Lot number)
- 시료채취 날짜와 시간, 채취지점(좌표,주소)
- 시료채취 현장의 기상조건 등
  ※ 날씨, 시료채취 현장의 정확한 설명 혹은 시료채취 위치에 관한 정보
- 시료채취 지점, 위치 및 주소 등 조사지역의 특징을 설명하는 내용
- 시료의 유형 : 단일 혹은 혼합시료임을 표기한다.
  ※ 혼합시료의 경우 시료채취한 시간간격, 혼합기간, 혼합량 등을 기록
- 분석 항목, 용기 종류 및 개수, 보존방법
- 보존재 준비사항 및 사용된 시약의 정보
- 시료의 일련 번호(lot number)
- 각 시료는 현장 확인 번호(FID ; field identification number)로 구분돼야 한다.

- 시료의 종류에 따른 구분 및 ID부여
- 현장 측정 데이터 : 온도, pH, 전도도, 용존산소, 잔류염소 등
- 퍼지와 시료채취 장비 사용 목록
- 지표수에 대한 추가 문서(시료채취 깊이)
- 폐수 방류수에 대한 추가 문서(혼합시료채취 시작과 종료 시각)
- 시료 운반방법 : 포장, 냉각, 분리, 운반 등
- 시료인수인계서 : 현장명과 주소, 시료수집 날짜와 시간, 시료채취자 이름, 시료운반 책임자, 현장ID번호(FID), 시료번호, 시료채취 날짜와 시간, 분석, 보존제 첨가, 시료 혹은 시료용기 등에 대한 정보

수행 내용 6 시료채취 사항 기록 및 관리하기

1 현장 시료채취 기록부를 작성한다.

아래의 서식에 따라 '현장 시료채취기록부'를 작성한다. 다만, 필요에 따라 기록부의 양식은 변경하여 사용할 수 있다(활용 양식 참고).

1. 지점명, 시료채취 일시, 시료채취 방법을 기록한다.
2. 현장에서 측정한 내용을 각각 항목에 맞추어 기록한다.
3. 시료에 사용된 보조제나 첨가제의 종류와 양을 기록한다.
4. 육안이나 탐문을 통해 획득한 정보와 특이 사항을 기록한다.
5. 채수자란에 소속 성명을 기록한 후 확인 서명을 한다.

2 현장 시료가 담긴 용기에는 다음과 같은 라벨을 작성하여 부착한다.

아래의 서식에 따라 '시료라벨'을 작성한다. 다만, 현장여건에 따라 양식은 변경하여 사용할 수 있다.

1. 시료채취 지점, 날짜, 시간을 꼭 기록한다.
2. 시료채취자와 동행(확인자)의 성명을 기록한다.
3. 필요에 따라 시료별로 확인해야 할 기타사항을 기록한다.

③ 현장에서 채취한 시료를 시료수집자, 실험분석자 등에게 인계할 때에는 시료의 정확한 정보를 아래에 양식에 따라 작성하여 각각 보관한다.

1. 시료 전달 시에 사용되는 인수인계서에는 날짜, 시간, 인도한 자, 인수한 자가 명확하게 확인할 수 있도록 작성한다.
2. 시료수집자는 수집된 시료에 대하여 시료기록대장(sheet)을 작성하여 관리한다(활용 양식 참고).

4 시료 저장 · 운반 · 보관에 필요한 사항 기록

필요지식 시료 저장 · 운반 · 보관 기록

1. 시료 사항의 기록 목적

수질분석 시료는 채수 즉시 분석하는 것이 원칙이다. 그러나 즉시 분석이 어려운 시료, 연구가 필요한 특이한 시료, 법적 분쟁 중인 시료 등은 저장・운반의 절차를 거쳐 보관하게 된다. 보관 시료는 가능한 원상태를 유지하고 다른 시료와 뒤바뀌는 사례가 없도록 해야 하며 이러한 사항을 명확히 확인할 방법이 필요하다. 시료에 대한 각종 기록은 이러한 확인의 도구로 이용된다.

2. 시료 저장 · 운반 · 보관에 관한 관리대장

저장・운반・보관을 필요로 하는 시료는 시료채취자・저장자・인수자・인계자・보관자가 명시된 관리대장으로 관리한다. 관리대장에는 보관일시・의뢰자・시료명・채취일시 및 장소・보관목적・보관 검수자 등 시료 확인에 필요한 내용을 명시해야 한다. 관리 기관의 특성에 따라 다양한 서식으로 작성할 수 있다. 아래 표는 양식의 작성 사례이다.

〈표 3-3〉 시료 보관을 위한 시료보관대장 양식 예시

보관일시	의뢰자	시료명	채취일시	채취장소	보관목적	보관검수자
2019.01.02	김ㅇㅇ	호소수	2019.01.01	댐앞	분석장비수리중	이ㅇㅇ

수행 내용 7 시료보관대장의 작성

1 시료보관 대장에 기록 사항을 파악한다.

2 양식이 없는 경우 시료보관대장을 작성한다.

(기록 사항은 보관 일시, 보관 의뢰자, 시료명, 채취일시 및 장소, 보관목적, 보관 검수자이다.)

3 보관할 시료의 상태를 확인한다.

4 의뢰자의 신원과 시료의 표식을 참고로 보관기록 관리대장의 해당 내용을 작성한다.

〈표 3-4〉 시료 보관을 위한 시료보관대장 작성 예시

보관일시	의뢰자	시료명	채취일시	채취장소	보관목적	보관검수자
2019/ 2/ 1	이ㅇㅇ	하천수	2019/1/20	대청호상류	월별정기조사	김ㅇㅇ

5 누락된 기록 사항이 있는지 확인한다.

6 보관소에 정돈 상태를 확인 후 보관 규정을 준수하여 시료를 위치시킨다.

5 시료 저장 · 운반 · 보관 장비조작 및 관리

필요지식 시료 저장 · 운반 · 보관을 위한 장비

1. 시료의 저장

시료의 저장에는 일반적으로 저온 보관이 가능한 소형의 밀폐상자가 사용된다. 대표적으로 아이스박스(ice box), 이동형 냉장고 등이 있다.

2. 운반 도구 및 장비

운반할 시료의 수가 많거나 부피가 크면 운반 도구를 사용한다. 근거리 운반에서는 수동 및 전동

카트(cart)나 자동차 등을 이용할 수 있다. 원거리 운반에서는 자동차 · 기차 · 항공기 · 선박을 이용할 수 있다. 시료 운반 시 인계자와 인수자를 명확히 해야 하고 운반 시료의 특성이 전달되어야 한다. 특히 운반 시 시료가 흔들리거나 충격을 받지 않고 안전하게 운반할 수 있도록 주요 운반 장비는 매뉴얼과 규정에 따라 사용법을 미리 익히고 조작 및 관리 방법을 숙지해야 한다.

3. 보관 장비 및 시설

일정 기간 동안 보관이 필요한 시료는 항온항습실(냉장 · 냉동고)에서 보관할 수 있다. 항온항습실의 조작을 위해서는 시설의 운영지침과 장비의 조작 방법을 숙지해야 한다.

6 시료 저장 용기의 종류

시료 저장 용기는 수질분석 항목에 따라 구별하여 사용해야 한다. 관련 자료는 <학습 1-2> 시료 채취 장비 및 약품 준비를 참고한다.

수행 내용 8 시료 저장 · 운반 · 보관 장비조작

1 저장박스(아이스박스)를 조작하고 관리한다.

1. 재질과 모양이 저장과 운반에 적절한 것을 사용한다.
2. 얼음팩은 미리 얼려둔다.
3. 사용 후 외부의 표식을 제거하고 청결 상태를 유지한다.

2 운반 도구 및 장비를 조작하고 관리한다.

1. 충격과 흔들림으로 인한 내용물 파손이 없도록 조작한다.
2. 차량 등 조작에 자격이 필요한 장비는 관리자를 정하여 관리한다.

3 보관 설비를 조작하고 관리한다.

1. 시료를 보관할 장비(항온항습실)의 작동 여부를 확인한다(장비의 작동 매뉴얼을 참고 한다).
2. 항온실은 일정 간격으로 온도와 습도의 유지 상태를 확인하고 안정적으로 운전되도록 관리한다.

7 규정에 따른 시료 저장 · 운반 · 보관

필요지식 / **시료보존**

1. 먹는물 · 수질공정시험기준 등 관련 규정의 시료 관리 개요

- 전처리가 필요한 항목은 전처리 또는 보존제의 첨가가 필요하다.
- 시험항목별로 정해진 저장 · 보관 방법을 확인한다(일반적으로는 4℃ 이하).

2. 보존제의 사용 방법

- 보존제(preservative)는 각각의 시료용기에 피펫을 사용해 첨가한다.
- 보존제는 시약 등급이나 더 높은 등급의 것을 사용한다.
- 보존제 첨가 후, 잘 섞고 pH(수소이온농도) 값을 확인한다.
- 첨가한 보존제와 같은 양만큼의 보존제를 모든 바탕 시료에도 첨가한다.
- 산성 보존제(acid preservative)는 시료 개봉 후에 산성 연기 혹은 독성 가스가 발생하는 것을 막기 위해 환기가 잘되는 곳에서 실시하고, 특이한 반응은 현장 문서에 기입한다.
- 산이 튀거나 쏟아지지 않도록 유의하고, 쏟는 즉시 닦고 충분한 양의 물을 뿌린다.
- 모든 화학물질은 따로 분리해서 저장한다. 산은 산 전용 보관함에, 용매는 용매 전용 보관함에 보관한다.

3. 보존 개념

영양염류와 유기물 성분은 미생물에 의해 단시간에 영향을 받기 때문에 시료는 채취 후 즉시 아이스박스에 넣어 4℃ 이하로 보존하여 실험실로 운반한다.

단시간 내에 변화될 우려가 있는 성분에 대해서는 현지에서 전처리를 하여 운반하는 것이 좋다. 특히 날씨가 더운 여름에는 시료의 변질이 빠르므로 운반에 유의하여야 한다. 많은 양의 시료수를 큰 용기(예 : 20 L)에 운반하는 경우에는 가능한 서늘하고 바람이 잘 통하게 하며, 용기를 빛과 차단하도록 덮어 주는 것이 좋다.

4. 시험항목별 시료 보존방법 및 보존기간

하천수 · 상하수도 · 폐수 · 지하수 · 먹는샘물 · 해수 등의 수질시료는 시험항목별 시료 보존방법, 보존제 사용 여부 및 보존 기간 등을 준수하여 분석하여야 한다 (학습1-2의 시험항목별 시료의 보존방법 및 보존기간 참고).

5. 방해물질이 존재할 경우 시료 보존방법

(1) 잔류염소가 존재하는 시료

- ‘암모니아성 질소’ 분석용 시료는 티오황산나트륨용액(0.09%)를 첨가한다.
- ‘시안’ 분석용 시료 1 L당 아스코르빈산 1 g을 첨가한다.
- ‘다이에틸헥실프탈레이트’ 분석용 시료 1 L당 티오황산나트륨 80 mg을 첨가한다.
- ‘1,4-다이옥산, 염화비닐, 아크릴로니트릴 및 브로모폼’ 분석용 시료 40 mL당 티오황산나트륨 3 mg 첨가 또는 아스코로빈산 25 mg 첨가하거나 시료1 L당 염화암모늄 10 mg을 첨가한다.
- ‘휘발성유기화합물’ 분석용 시료 1 L당 아스코르빈산 1 g을 첨가한다.
- ‘일반세균 등 미생물’분석용 시료는 멸균한 티오황산나트륨용액을 최종농도 0.03%(w/v) 되도록 첨가한다.

(2) 산화제가 존재하는 시료

- ‘시안’분석용 시료 1 L당 이산화비소산나트륨 또는 티오황산나트륨 0.6g을 첨가한다.
- ‘페놀류’분석용 시료는 황산암모늄철용액을 첨가한다.

수행 내용 9 채수 시료 저장 · 운반 · 보관하기

❙ 재료 · 자료

- 아이스박스, 얼음팩

❙ 기기(장비 · 공구)

- 이동수단, 보관실(항온항습실)

1 저장 및 운반을 위한 크기와 수량의 아이스박스를 준비한다.

2 운반시간을 고려하여 얼음팩을 넣는다.

3 얼음팩을 사이에 두며 시료용기를 정돈하여 넣는다.

1. 아이스박스

2. 얼음팩

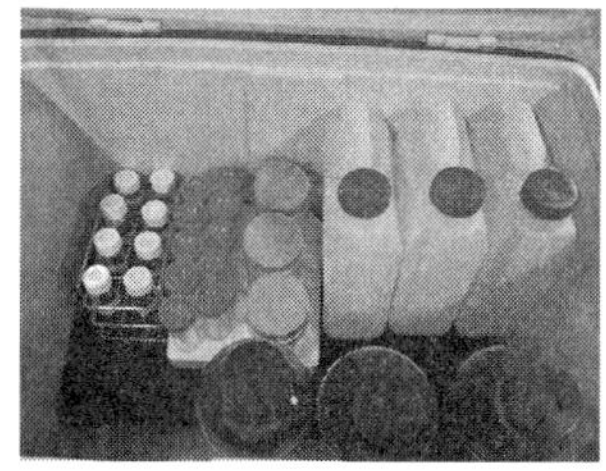

3.시료보관 및 이동

[그림 3-15] 시료 저장 용기와 저장 사례

4 아이스박스를 밀봉한다.

5 시료를 목적지까지 운반한다.

1. 운반자와 시료의 인수인계서를 작성한다.
2. 운반 시에 충격과 흔들림으로 인해 시료가 새지 않도록 한다.

6 운반된 시료를 보관 설비에 보관한다.

1. 시료 보관 설비(항온항습실)의 정상 작동 여부를 확인한다.
2. 보관자와 시료 보관기록대장을 작성한다.

수행 tip

- 일반적으로 시료는 4℃ 이하로 저장한다.
- 아이스박스는 밀봉하여 온도 변화를 최소화한다.

시료채취 포트폴리오

<table>
<tr><td colspan="2">시료채취 일시 : 　　년 　　월 　　일 　　학년 　　반 　　번 　　　　성명 :</td></tr>
<tr><td>시료채취 과정 사진</td><td>사진 설명</td></tr>
<tr><td></td><td></td></tr>
<tr><td></td><td></td></tr>
<tr><td></td><td></td></tr>
<tr><td></td><td></td></tr>
</table>

04주차

관능법으로 맛과 냄새 분석하기

주차 04	실 습 과 제 명 관능법으로 맛과 냄새 분석하기	소요시간 3

학습목표	관능법으로 맛과 냄새를 측정할 수 있다.

1 관능법 분석준비

필요지식 / 관능법 분석

1. 관능법 분석 개요

수중 함유 성분에 대한 이화학적 측정이 불가능한 시료의 특성을 인간의 오감에 의해 분석하는 측정법으로 물리적, 화학적인 방법에 의하지 않고 인간의 감각을 이용하는 검사를 말한다. 관능법 분석은 냄새와 맛을 분석하는 시험법으로 공정시험기준에 준하여 실험한다.

2. 공정시험기준

국가, 공공 단체, 국제적인 조직 등에 의해 공적으로 정해진 시험기준을 말한다. 수질시험과 관련된 기준은 수질오염공정시험기준, 먹는물 수질공정시험기준 등이 있으며, 기타 한국공업규격(KS), 국제표준화기구(ISO) 등에 의해 규정되어 있는 시험기준이 이에 해당한다.

수행 내용 1 / 관능법 분석 준비

1 관능법 분석에 필요한 시약 및 재료를 파악한다.

1. 먹는물 수질공정시험기준을 참고하여 필요한 시약 및 재료를 준비한다.
2. 먹는물 수질공정시험기준을 참고하여 필요한 초자나 기구 등을 준비한다.

2 관능법 분석 시행

필요지식 냄새와 맛

1. 냄새

일반적으로 냄새(Odor)의 원인은 순수한 물에 대한 유기물 등 이물질의 유입을 의미하며 수질기준은 소독으로 인한 것 이외에는 냄새가 없어야 한다. 냄새를 이용한 시험방법은 먹는물, 샘물 및 염지하수 중에 냄새를 확인하는 방법으로서 시료를 삼각플라스크에 넣고 마개를 닫은 후 온도를 40 ℃~50 ℃로 높여 세게 흔들어 섞은 후 마개를 열면서 관능적으로 냄새를 맡아서 판단한다.

(1) 이 시험방법은 측정자 간 개인차가 심하므로 냄새가 있을 경우 5명 이상의 시험자가 측정하는 것이 바람직하나 최소한 2명이 측정해야 한다.

(2) 이 시험방법에 의해 판단할 때 염소 냄새는 제외한다.

2. 맛

맛(Taste)의 원인은 순수한 물에 대한 무기물 등 이물질 유입을 의미하며, 마그네슘, 칼륨, 칼슘, 아연 철등 함유에 따라 다양하다. 맛의 수질기준은 소독으로 인한 맛 이외의 맛이 없어야 하며 샘물, 먹는 샘물, 약수터는 적용을 하지 않는다. 맛을 이용한 이 시험방법은 먹는물의 맛을 측정하는 방법으로, 시료를 비커에 넣고 온도를 40 ℃ ~ 50 ℃로 높여 맛을 보아 판단한다.

(1) 이 시험법은 측정자 간 개인차가 심하므로 5명 이상의 시험자가 바람직하나 최소한 2명이 필요하다.

(2) 이 시험방법에 의해 판단할 때 염소 맛은 제외한다.

(3) 섭취에 따른 안전성이 확보되지 않은 시료로서 병원성 미생물, 유해물질로 오염된 시료나 폐수 및 처리되지 않은 배출수 등은 측정하지 않을 수 있다

3. 시료의 관리 및 보존

(1) 냄새측정은 시료채취 후 가능한 빨리 하며, 보관이 불가피하면 물 시료를 1 L병에 가득 채워 0℃ ~ 4 ℃에서 보관한다. 특히 물이 냉각될 때 주위의 냄새물질이 시료 안으로 들어가지 않게 주의해야 한다.

(2) 맛 측정 시료는 유리재질의 병과 폴리테트라플루오로에틸렌(PTFE) 재질의 마개를 사용하여 채취하며 플라스틱 재질은 사용하지 않는다.

수행 내용 1 　시약 및 실험기구 파악

재료 · 자료

- 먹는물 수질공정시험기준, 냄새 없는 물, 오황산나트륨용액, 냄새 측정자 2인 이상

기기(장비 · 공구)

- 항온수조, 마개있는 삼각 플라스크.
- 항온수조는 ± 1 ℃로 유지할 수 있어야 하고 냄새를 발생하지 않아야 한다.
- 유리기구류는 사용직전에 새로 세척하여 사용한다. 먼저 냄새 없는 세제로 닦은 후 냄새 없는 물로 닦아 이 목적으로만 사용한다. 고무, 콕 및 플라스틱 마개는 사용하지 않아야 한다.

안전 · 유의사항

- 냄새를 측정하는 사람과 시료를 준비하는 사람은 다른 사람이어야 한다.
- 시료의 외관을 먼저 보고 시험여부를 결정한다.
- 시료는 유리재질의 병과 폴리테트라플루오로에틸렌(PTFE) 재질의 마개를 사용하여 채취하며 플라스틱 재질은 사용하지 않는다.

수행 순서 　냄새(Oder) 분석

1. 냄새 없는 물을 제조한다.
   1. 활성탄으로 거른 물을 냄새 없는 물로 사용한다.
   2. 활성탄을 통과한 물에서 염소냄새가 나는지 또는 기타의 냄새가 발생하는지를 확인하여야 한다.
   3. pH가 너무 높아지거나 낮아지는 경우를 확인한다.
2. 시료는 외관상 부유물, 침전물, 색도, 탁도 등의 이상 물질이 함유되어 있지 않아야 한다.
3. 시료 200 mL를 부피 300 mL의 마개 있는 삼각플라스크에 넣고 상온에서의 냄새를 유무를 확인하고 마개를 닫는다.
4. 시료를 항온수조에 넣어 온도를 40 ℃~50 ℃로 높이고 세게 흔들어 섞은 후 마개를 열면서 바로 냄새를 맡는다.
5. 냄새 측정은 2인 이상이 동일하게 측정한다.

6 만약 냄새역치를 구할 필요가 있다면 일정비의 냄새 없는 물로 묽혀 수행순서 5의 실험에 따라 냄새를 측정한다.

수행 tip

- 소독제인 염소 냄새가 날 때에는 티오황산나트륨(sodium thiosulfate)을 가하여 염소를 제거한 후 측정한다. 사용하는 티오황산나트륨의 양은 시료 500 mL에 잔류염소가 1 mg/L로 존재할 때 티오황산나트륨용액 1 mL를 가한다.
- 티오황산나트륨(sodium thiosulfate)을 사용할 때에는 바탕실험을 병행하는 것이 좋다.
- 냄새를 측정하는 사람은 냄새에 극히 예민한 사람도 냄새에 무딘 사람도 적절하지 않다. 측정 전에 흡연, 냄새나는 식사, 면도용 로션, 향수 등을 사용하지 말아야 하고 감기나 알레르기를 앓는 사람도 적절하지 않다.

수행 내용 2 맛(Tast) 분석

1 시료는 외관상 부유물, 침전물, 색도, 탁도 등의 이상 물질이 함유되어 있지 않아야 한다. 이상이 없는 시료는 맛 분석을 실시한다.

2 시료 200 mL를 비커에 넣고 상온에서의 맛 유무를 확인한다.

3 시료를 항온수조에 넣어 온도를 40 ℃ ~ 50 ℃로 높인다.

4 시료의 맛을 측정한다.

5 맛 측정은 2인 이상이 동일하게 측정한다.

수행 tip

- 맛을 측정하는 사람은 맛에 극히 예민한 사람도, 무딘 사람도 적절하지 않다. 측정 전에 흡연, 식사, 감기나 알레르기를 앓는 사람은 적합하지 않다.

③ 관능법 분석 결과처리

필요지식 / 정도관리

1. 냄새(Odor)의 정밀도

냄새의 정밀도를 구하기 위해서는 일정 냄새를 나타내는 시료를 2명 이상 동일하게 측정하여 측정한 결과의 차이를 구할 수 있어야 한다. 이 때 측정값의 차이가 없어야 하며, 각 정도관리 항목에 대한 정도관리 목푯값은 <표 4-2>와 같다.

2. 맛(Taste)의 정밀도

맛의 정밀도를 구하기 위해서는 일정 맛을 나타내는 물 시료를 2명 이상이 동일하게 측정하여 측정값의 차이를 구할 수 있어야 한다. 이때 측정값의 차이가 없어야 하며, 각 정도관리 항목에 대한 정도관리 목푯값은 <표 4-3>과 같다.

수행 내용 3 / 냄새분석 결과 정도관리 및 결과처리

1 냄새분석의 정밀도를 산출한다.

1. 2인 이상이 냄새를 측정하여 '있음', '없음'으로 구분한다.

2 만약 냄새 역치(TON, threshold odor number)를 구할 필요가 있으면 사용한 시료의 부피와 냄새 없는 희석수의 부피를 사용하여 다음과 같이 계산한다. 200 mL로 묽히는 데 사용한 시료의 부피별로 역치 값은 〈표 4–1〉과 같다.

$$\text{역치} = \frac{a+b}{a}$$

여기서, a : 시료의 부피(mL)
b : 냄새 없는 희석수(mL)

3 냄새가 있는지 없는지만 보고할 경우 온도를 40 ℃ ~ 50 ℃로 높이고 세게 흔들어 섞은 후 마개를 열면서 바로 냄새를 맡아 판단한 결과로 시험성적서를 작성한다.

〈표 4-1〉 묽히는데 사용한 시료 양에 대한 역치 값

시료 양(mL)	역치(TON)
200	1
100	2
50	4
25	8
12.5	16
6.3	32
3.1	64
1.6	128
0.8	256

〈표 4-2〉 정도관리 목푯값

정도관리 항목	정도관리 목표
정밀도	냄새 차이가 없어야 한다.

수행 tip

- 측정값의 차이가 없어야 한다.

수행 내용 4 맛 분석 결과 정도관리 및 결과처리

1 맛 분석의 정밀도를 산출한다.

1. 맛을 측정하여 '있음', '없음'으로 구분한다.

2 맛이 종류를 구분할 필요가 있을 때에는 짠맛, 쓴맛, 신맛, 단맛으로 구분하거나 화합물의 종류에 따라 염소, 유류, 철, 비누 맛으로 구분하여 시험성적서를 작성한다.

〈표 4-3〉 정도관리 목푯값

정도관리 항목	정도관리 목표
정밀도	맛의 차이가 없어야 한다.

〈표 4-4〉 시험성적서 작성 예시

수신자	홍길동 (경유)				
제 목	수질검사성적서				
접 수 번 호	2019-1-3	시 료 명	지하수	의 뢰 일 자	2019.01.3
의 뢰 자	홍 길 동	의 뢰 주 소			
채 취 장 소				입 회 공 무 원	
성적서용도	참 고 용	시 험 환 경	온도(21±1)℃, 상대습도(31±1)% R.H	시 험 기 간	14일
시 험 방 법	먹는물수질공정시험기준				

검사항목	기준	결과	단위	검사항목	기준	결과	단위
일반세균	100 이하		CFU/mL	1,2-디브로모-3-클로로프로판	0.003 이하		mg/L
총대장균군	불검출		/100mL	총트리할로메탄	0.1 이하		mg/L
분원성대장균군	불검출		/100mL	클로로포름	0.08 이하		mg/L
납	0.01 이하		mg/L	경도	300 이하		mg/L
불소	1.5 이하		mg/L	과망간산칼륨 소비량	10 이하		mg/L
비소	0.01 이하		mg/L	**냄새**	**이취없을것**	**없음**	**-**
세레늄	0.01 이하		mg/L	맛	이미 없을것	없음	-
수은	0.001 이하		mg/L	구리	1.0 이하		mg/L
시안	0.01 이하		mg/L	색도	5 이하		도
암모니아성질소	0.5 이하		mg/L	세제	0.5 이하		mg/L
질산성질소	10 이하		mg/L	수소이온농도	5.8~8.5		-
카드뮴	0.005 이하		mg/L	아연	3.0 이하		mg/L
보론	1.0 이하		mg/L	염소이온	250 이하		mg/L
페놀	0.005 이하		mg/L	증발잔류물	500 이하		mg/L
1,1,1-크리클로로에탄	0.1 이하		mg/L	철	0.3 이하		mg/L
테트라클로로에틸렌	0.01 이하		mg/L	망간	0.05 이하		mg/L
트리클로로에틸렌	0.03 이하		mg/L	탁도	0.5 이하		NTU
디클로로메탄	0.02 이하		mg/L	황산이온	200 이하		mg/L
벤젠	0.01 이하		mg/L	알루미늄	0.2 이하		mg/L
톨루엔	0.7 이하		mg/L	클로랄하이드레이트	0.03 이하		mg/L
에틸벤젠	0.3 이하		mg/L	디브로모아세토니트릴	0.1 이하		mg/L
크실렌	0.5 이하		mg/L	디클로로아세토니트릴	0.09 이하		mg/L
1,1-디클로로에틸렌	0.03 이하		mg/L	트리클로로아세토니트릴	0.004 이하		mg/L
사염화탄소	0.002 이하		mg/L	할로아세틱에시드	0.1 이하		mg/L
다이아지논	0.2 이하		mg/L	브로모디클로로메탄	0.03 이하		mg/L
파라치온	0.06 이하		mg/L	디브로몰클로로메탄	0.1 이하		mg/L
페니트로치온	0.04 이하		mg/L	크롬	0.05 이하		mg/L
카바릴	0.07 이하		mg/L	1,4-다이옥산	0.05 이하		mg/L
판정	적합 : 「판정은 의뢰된 항목에 한함」						

2019년 1월 18일

먹 는 물 검 사 시 험 원 장

지도교수	확 인

〈실험실습 보고서〉

실 습 제 목			
실 습 일 자	년 월 일 시간		
실 습 조		이름	
실 습 조 명			
실 험 목 적			
관 련 이 론			
실 험 시 약			
실 험 기 구			
실험기자재			
실 험 방 법			
실 험 결 과			
실 험 소 감			

실험과정 포트폴리오

실험 일시 : 년 월 일 학년 반 번 성명 :

실험과정 사진	실험 사진 설명

실험과정 포트폴리오

실험 일시 :　　　년　　월　　일　　학년　　반　　번　　　　성명 :	
실험과정 사진	실험 사진 설명

05주차

무게차법으로 부유물질 분석하기

주차 05

실습과제명: 무게차법으로 부유물질 분석하기

소요시간 3

학습목표 무게차법으로 부유물질을 분석할 수 있다.

1 시료채취 준비

필요지식 무게차법

1. 무게차법 분석 개요

무게차법은 물속에 함유된 물질을 여과한 뒤 추출하여, 그 성분량을 저울을 이용해 질량을 측정한다. 성분량은 단위부피당 질량(mg/L)으로 표시하며, 주로 수중의 고형물질이나 동식물성 기름 성분 등을 분석한다. 무게차법 분석은 수중 부유물질과 노말헥산 추출물질 시험법으로 시험의뢰서의 분석의뢰항목을 확인하고 표준작업절차서를 준비하여 분석절차 및 수행방법을 숙지하고 분석을 실시하여야 한다.

수행 내용 1 부유물질 분석준비

▎수행 순서▎

1 수질공정시험기준을 확인하여 분석순서와 절차를 확인한다.

2 부유물질 분석에 필요한 초자 및 기구를 파악한다.

3 부유물질 분석에 필요한 시약 및 재료를 파악한다.

수행 tip

- 실험에 사용되는 초자나 기구에 대하여 용도를 명확히 이해한다.

② 부유물질 분석시행

필요지식 | **부유물질**

1. 부유물질

부유물질(SS : Suspended Solid)이란 오염된 물의 수질을 표시하는 지표로서, 현탁고형물(懸濁固形物)이라고도 한다. 수중에 존재하는 무기와 유기의 물질을 함유한 0.1 ㎛ 이상부터 2 mm 이하의 고형물질로서 물에 용해되지 않는 물질을 말하며 수중에 부유하는 불용성 물질은 탁도의 원인이 되기도 한다.

이 시험법은 미리 무게를 단 유리섬유 여과지(GF/C)를 여과기에 부착하여 일정량의 시료를 여과시킨 다음 항량으로 건조하여 무게를 달아 여과 전・후의 유리섬유 여과지의 무게차를 산출하여 부유물질의 양을 구하는 방법이다.

2. 부유물질 여과장치

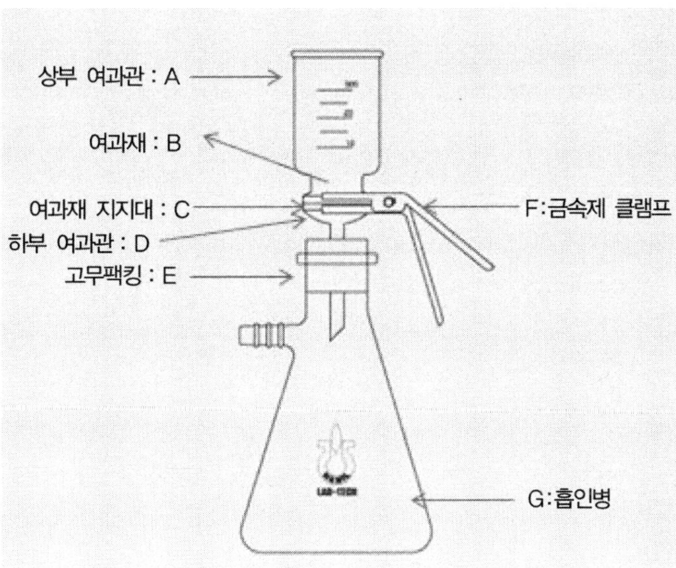

[그림 5-1] 부유물질 측정용 유리여과기

3. 시료의 관리 및 보존 기간

〈표 5-1〉 시료보존기간 및 관리

시 험 방 법	시 료 보 존 기 간	시료의 관리
부유 물질	7 일	4 ℃ 보관

수행 내용 2　실험재료 및 기구 파악

재료 · 자료

- 수질오염공정시험기준, 유리섬유(GF/C)여과지, 증류수

기기(장비 · 공구)

- 건조기, 분석용 저울, SS측정용 유리여과기, 흡인펌프, 핀셋, 접시, 황산데시케이터, 증류수병

안전 · 유의사항

- 유리섬유 여과지는 절대 손으로 만지지 않고 핀셋을 이용하여 취급한다.
- 흡인여과 시 흡인펌프 내로 물이 들어가지 않도록 주의한다.
- 시료를 채취한 후 방치하면 미생물의 증식 등에 의해 질량 변화가 일어날 수 있으므로 곧바로 측정한다.
- 유리섬유 여과지는 흡입 후 작은 부스러기가 떨어지지 않도록 미리 증류수를 통과하여 건조한 것 사용한다.

수행 순서　부유물질 분석

1. 부유물질 측정용 여과장치 구성을 한다.
2. 분석용 저울을 이용하여 유리섬유 여과지(GF/C 또는 이와 동등한 규격으로서 지름 47 mm의 것)의 무게를 측정한다.
3. 측정한 유리섬유 여과지는 핀셋을 이용하여 여과장치의 여과기에 부착한다.

수행 tip

- 연필이나 네임펜으로 여과지 가장자리에 번호를 적어 두면 많은 시료를 분석할 때 여과지를 혼돈하지 않아 편리하다.

④ 증류수를 20 mL씩으로 3 회 흡입 여과하여 씻는다.

⑤ ④번의 여과지를 핀셋을 이용하여 건조기에 넣는다.

⑥ 105 ℃ ~ 110 ℃의 건조기 안에서 2 시간 건조시킨다.

⑦ 황산건조용기에 넣어 방냉하고 항량한 후 실험용 여과지로 사용한다.

⑧ 분석용 저울을 이용하여 ⑦번의 유리섬유 여과지의 무게를 측정한다.

⑨ 수행순서 ⑧번의 여과지를 핀셋을 이용하여 여과기에 부착한다.

⑩ 시료 적당량을 여과기에 주입하면서 흡인 여과한다.

1. 입경이 큰 고형물을 함유한 시료는 세게 흔들어 섞은 다음 2 mm의 체를 통과한 시료를 가지고 실험한다.
2. 사용한 여과기의 하부여과재를 중크롬산 황산용액에 넣어 침전물을 녹인 다음 정제수로 씻어 준다.

⑪ 시료용기 및 여과기의 기벽에 붙어있는 부착물질을 소량의 물로 여과지위로 씻어 내린 다음 즉시 여과지상의 잔류물을 물 10 mL씩으로 3 회 씻어주고 약 3분 동안 계속하여 흡입여과 한다.

⑫ 용존염류가 다량 함유되어 있다고 판단되는 시료일 경우에는 세척조작을 2~3회 추가한다.

⑬ 유리섬유 여과지를 핀셋으로 주의하면서 여과기에서 끄집어내어 시계접시 위에 놓는다.

⑭ 105 ℃ ~ 110 ℃의 건조기 안에서 2시간 건조시킨다.

⑮ 건조한 여과지를 황산 건조용기에 넣어 방냉한 다음 항량으로 하여 분석용 저울을 이용하여 무게를 정밀히 단다.

⑯ 여과 전후의 유리섬유 거름종이 무게의 차를 구하여 부유물질의 양으로 한다.

수행 tip

- 나무 조각, 큰 모래입자 등과 같은 큰 입자들은 부유물질 측정에 방해를 주며, 이 경우 직경 2 mm 금속망에 먼저 통과시킨 후 분석을 실시한다.
- 증발잔류물이 1,000 mg/L 이상인 경우의 해수, 공장폐수 등은 특별히 취급하지 않을 경우, 높은 부유물질 값을 나타낼 수 있다. 이 경우 여과지를 여러 번 세척한다.
- 철 또는 칼슘이 높은 시료는 금속 침전이 발생하며 부유물질 측정에 영향을 줄 수 있다.
- 유지(oil) 및 혼합되지 않는 유기물도 여과지에 남아 부유물질 측정값을 높게 할 수 있다.

① 실험전과정

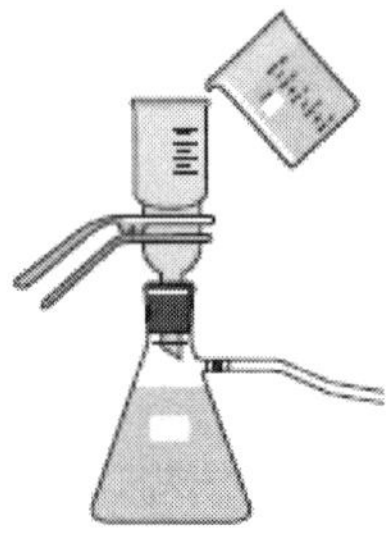

유리 섬유 거름종이를 여과기에 부착하여 물을 20 mL씩 3회 흡입 여과한다.

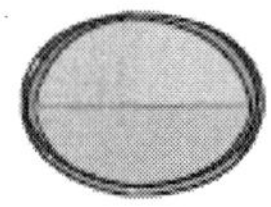

유리 섬유 거름종이를 시계 접시 위에 놓는다.

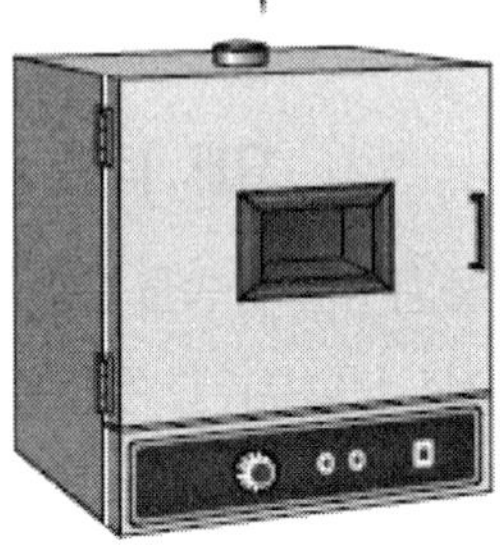

건조기에 넣어 2시간 동안 건조한다.
(온도 : 105~110℃)

건조기에 넣어 2시간 동안 건조한다.
(온도 : 105~110℃)

건조가 끝나면 데시케이터(황산 건조 용기) 속에서 냉각(방냉)시킨다.

화학 저울을 이용하며 유리 섬유 거름종이의 질량을 측정(a mg)한다.

② 실험과정

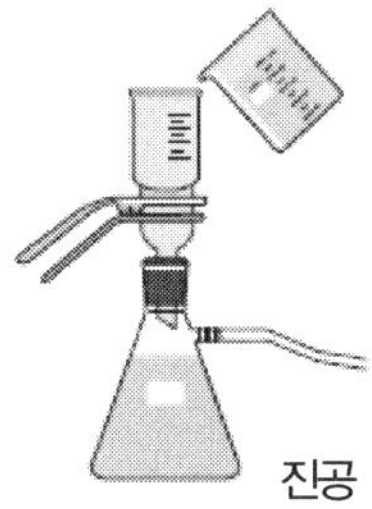

진공 펌프로 흡입

유리 섬유 거름종이를 여과기에 놓고 시료수 적당량(V mL)을 여과기에 넣어 흡입 여과한다. 시료 용기 및 여과기 벽에 부착한 물질을 증류수로 세척하여 거름종이 위에 씻어 모은다.

유리 섬유 거름종이를 핀셋으로 떼어 시계 접시에 옮겨 놓는다.

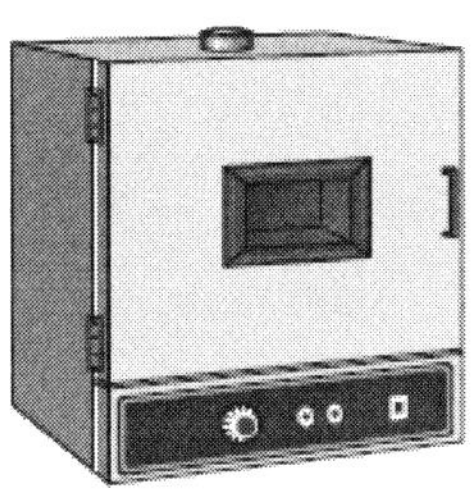

건조기에 넣어 2시간 동안 건조한다.
(온도 : 105~110℃)

데시케이터(황산 건조 용기) 속에서 냉각(방랭)시킨다.

화학 저울을 이용하여 유리 섬유 거름종이의 질량을 측정(b mg)한다.

시료의 양을 동일하게 한 후 3회 실험하여 결과를 산출(시간 부족시는 동시에 실험 1, 2, 3 실시)

[그림 5-2] 부유물질 실험과정

출처: 박석순외 4인, 고등학교 수질관리, 교육과학기술부

③ 부유물질 분석 결과처리

필요지식 / 부유물질 분석결과

1. 분석결과 계산

(1) 부유물질 계산식

$$부유물질(mg/L) = (b - a) \times \frac{1,000}{V}$$

a : 시료 여과 전의 유리섬유 거름종이 무게(mg)

b : 시료 여과 후의 유리섬유 거름종이 무게(mg)

V : 시료의 양(mL)

수행 내용 3 / 부유물질 결과값 계산

1 분석결과로부터 부유물질 농도를 계산한다.

(1) GF/C 여지의 무게(mg)

회	1	2	3	본시험 평균, b(mg)	바탕시험, a(mg)
시료의 GF/C여지 무게(mg)					

(2) 부유물질 농도(mg/L) 계산

$$부유물질(mg/L) = (b - a) \times \frac{1,000}{V}$$

지도교수	확 인

〈실험실습 보고서〉

실 습 제 목			
실 습 일 자	년　　월　　일　　시간		
실 습 조		이름	
실 습 조 명			
실 험 목 적			
관 련 이 론			
실 험 시 약			
실 험 기 구			
실험기자재			
실 험 방 법			
실 험 결 과			
실 험 소 감			

실험과정 포트폴리오

실험 일시 : 년 월 일 학년 반 번 성명 :	
실험과정 사진	실험 사진 설명

실험과정 포트폴리오

실험 일시 : 년 월 일 학년 반 번 성명 :	
실험과정 사진	실험 사진 설명

06주차

무게차법으로 노말헥산 분석하기

주차 06 | 실 습 과 제 명 | 소요시간

무게차법으로 노말헥산 분석하기 | 3

학습목표	무게차법으로 노말헥산을 분석할 수 있다.

① 노말헥산 분석

필요지식 / 노말헥산

1. 노말헥산추출물질

수질오염을 표시하는 지표로서 휘발성이 낮은 탄화수소・탄화수소유도체・그리스 등의 기름물질로 헥산추출물질 또는 줄여서 n-헥산추출물질이라고도 한다. 석유화학산업・석유정제업・철강업・기계공업 등의 공장폐수에 주로 들어 있다. 유기용제인 노말헥산을 이용하여 추출하므로 붙여진 이름이다.

이 시험법은 폐수 중의 비교적 휘발되지 않는 탄화수소, 탄화수소유도체, 그리스유상물질 및 광유류를 함유하고 있는 시료를 pH 4 이하의 산성으로 하여 노말헥산층에 용해되는 물질을 노말헥산으로 추출하여 노말헥산을 증발시킨 잔류물의 무게로 부터 구하는 방법이다. 다만, 광유류의 양을 시험하고자 할 경우에는 활성규산마그네슘(플로리실) 칼럼을 이용하여 동식물유지류를 흡착・제거하고 유출액을 같은 방법으로 구할 수 있다.

정량범위는 2 mg ~ 200 mg이고 표준 편차율은 20.5 %이다. 폐수 중의 비교적 휘발되지 않는 탄화수소, 탄화수소유도체, 그리스유상물질 및 광유류가 노말헥산층에 용해되는 성질을 이용한 방법으로 시료를 직접 사용하거나, 시료에 적당한 응집제 또는 흡착제 등을 넣어 노말헥산추출물질을 포집한 다음 노말헥산으로 추출하고 잔류물의 무게를 측정하여 노말헥산추출물질의 양으로 하는 방법이 있다.

2. 시료의 관리 및 보존 기간

〈표 6-1〉 시료보존기간 및 관리

시 험 방 법	시 료 보 존 기 간	시료의 관리
노말헥산추출물질	28 일	4 ℃ 황산으로 pH 2 이하

수행 내용 1 시약 및 실험기구 파악

재료 · 자료

- 수질오염공정시험기준, 메틸오렌지용액, 염산, 노말헥산, 증류수, 무수황산나트륨, 종이여과지

기기(장비 · 공구)

- 분석용 저울, 건조기, 실리카겔데시케이터, 분액깔때기, 증발용기, 전기열판 또는 전기맨틀, 플로리실 칼럼, 환류냉각관, 초자기구

안전 · 유의사항

- 시료용기는 유리병을 사용하여야 하며, 채취한 시료 전량을 사용하여 시험한다.
- 노말헥산을 증발시킬 때는 반드시 후드 내에서 실험을 해야 한다.

수행 순서 노말헥산 분석

1 총 노말헥산추출물질 분석을 위한 처리기간을 확인한다.

1. 공정시험기준의 시료 보전기한을 확인한다.
2. 분석의뢰서의 분석기한을 확인한다.

2 표준작업절차서(SOP)를 확인하고 노말헥산추출물질 측정준비를 한다.

3 기기 및 초자 기구를 준비한다.

– 분액깔때기(1 L), 분액깔때기 거치대, 은박지 증발접시, 여과지, 깔때기

④ 시약 및 용액을 제조한다.

1. 메틸오렌지(0.1 %)용액을 제조한다.
   메틸오렌지(methyl orange) 0.1 g을 정확히 취하여 100 mL 부피플라스크에 넣고 정제수로 채운다.
2. 염산(hydrochloric acid) (1+1)용액을 제조한다.
   정제수 50 mL에 염산(hydrochloric acid) 50mL를 넣어 혼합한다.
3. 무수황산나트륨 3g
4. 헥산

⑤ 시료 적당량(노말헥산추출물질로서 5 mg~200 mg 해당량)을 분액깔때기에 넣는다.

1. 노말헥산추출물질의 함량이 낮은 경우(5 mg/L 이하)에는 5 L 용량 시료병에 시료 4 L를 채취한다.
2. 염화제이철용액(염화제이철($FeCl_3$ · 6_2HO) 30 g을 염산(1 + 11) 100 mL에 녹인 용액) 4mL를 넣고 자석교반기로 교반하면서 탄산나트륨 용액(20 W/V%)을 넣어 pH 7～9로 조절한다.
3. 5분간 세게 교반한 다음 방치하여 침전물이 전체액량의 약 1/10이 되도록 침강하면 상등액을 조용히 흡인하여 버린다.
4. 잔류 침전층에 염산 (1+1)을 넣어 pH 약 1로 하여 침전물을 녹인다.
5. 이 용액을 분액깔때기에 옮겨 이하 시험방법에 따라 시험한다.

⑥ 메틸오렌지용액(0.1 W/V%) 2~3 방울을 넣고 황색이 적색으로 변할 때까지 염산(1+1)을 넣어 pH 4 이하로 조절한다.

[그림 6-1] 시료 pH 4 조절

7 시료의 용기는 노말헥산 20 mL씩으로 2회 씻어서 씻은 액을 분액깔때기에 합한다.

[그림 6-2] 수층과 노말헥산층

8 분액깔대기 마개를 하여 2분간 세게 흔들어 섞고 정치하여 노말헥산층을 분리한다.

1. 추출 시 에멀죤을 형성하여 액층이 분리되지 않거나 노말헥산층이 혼탁할 경우에는 분액깔때기 안의 수층을 원래의 시료용기에 옮긴다.
2. 에멀죤층 또는 헥산층에 약 10 g의 염화나트륨 또는 황산암모늄을 넣어 환류냉각관(약 300 mm)을 부착한다.
3. 80 ℃ 수욕 중에서 약 10분간 가열・분해한 다음 시험방법에 따라 시험한다.

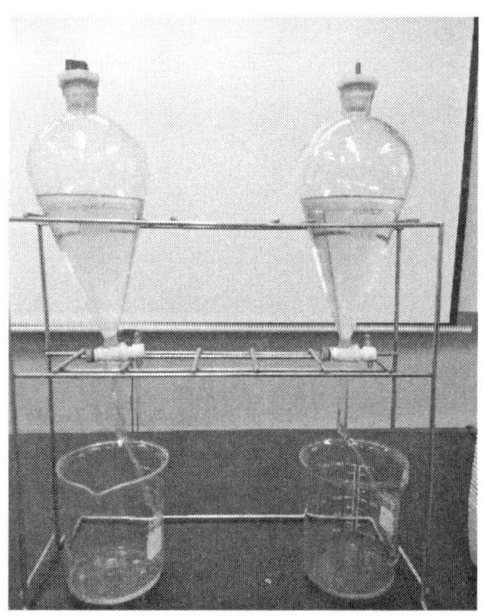

[그림 6-3] 노말헥산층 분리

9 수층에 한 번 더 시료용기를 씻은 노말헥산 20 mL를 넣어 흔들어 섞고 정치하여 노말헥산층을 분리하여 앞의 노말헥산층과 합한다.

[10] 노말헥산층을 물 20 mL씩으로 수회 씻어준 다음 수층을 버린다.

[11] 무수황산나트륨 3 g~5 g을 건조거름종이에 충전하여 [10]번의 노말헥산의 여과하여 수분을 제거한다.

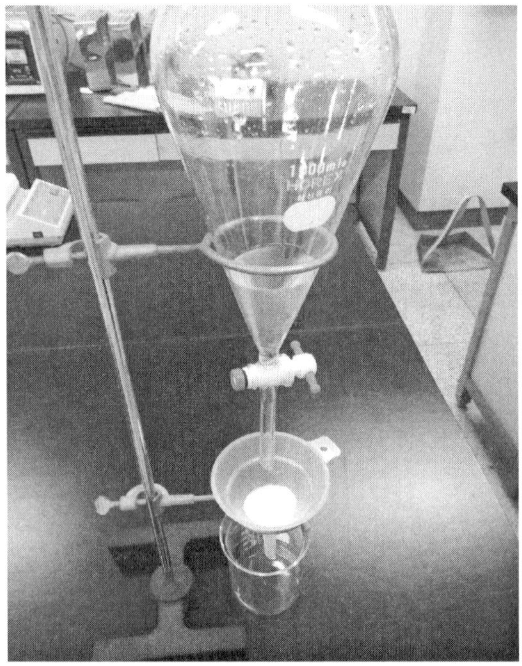

[그림 6-4] 노말헥산 수분 제거

[12] 증발용기를 깨끗이 씻어 건조기에서 건조하고 실리카겔 건조용기에 넣어 항량으로 하여 무게를 측정한다.

[그림 6-5] 증발용기 무게 측정

⑬ 무게를 미리 단 증발용기에 ⑪번의 헥산을 넣고 분액깔때기에 노말헥산 소량을 넣어 씻어준 다음 여과하여 증발용기에 합한다.

⑭ 다시 노말헥산 5 mL씩으로 거름종이를 2회 씻어주고 씻은 액을 증발용기에 합한다.

⑮ 증발용기가 알루미늄박으로 만든 접시 또는 비커일 경우에는 용기의 표면을 깨끗이 닦고 80 ℃로 유지한 전기열판 또는 전기맨틀에 넣어 후드 내에서 노말헥산을 날려 보낸다.

[그림 6-6] 후드 내에서 노말헥산 증발

⑯ 증발용기 외부의 습기를 깨끗이 닦고 80±5 ℃의 건조기 중에 30분간 건조한다.

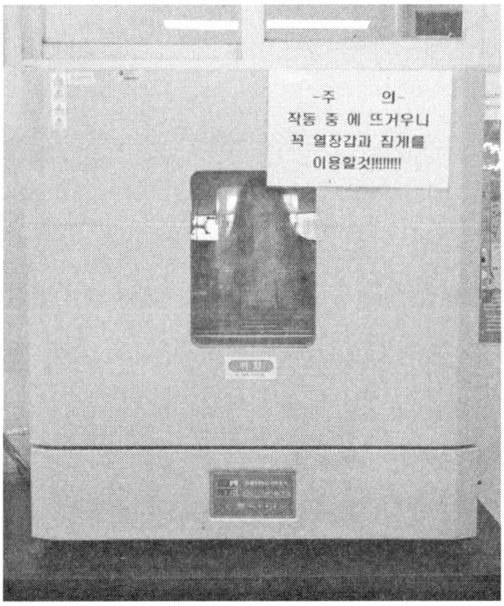

[그림 6-7] 건조기에서 건조

⑰ 증발용기를 실리카겔 건조용기에 넣어 정확히 30분간 방냉하여 무게를 단다.

[그림 6-8] 건조용기에서 방냉

[그림 6-9] 증발용기 무게측정

⑱ 따로 증류수 1L를 취하여 ⑤번 이하의 시험방법에 따라 시험하여 노말헥산을 날려 보내는 바탕시험을 행하고 보정한다.

⑲ 노말헥산추출물질 중 광유류는 다음의 순서에 따라 분석한다.

1. 위 방법의 총 노말헥산추출물질의 무게를 측정한 ⑰번의 증발용기 중에 노말헥산 20 mL~30 mL를 넣고 가온하여 녹이고 100 mL 부피 플라스크에 옮긴다.
2. 증발용기에 잔류물이 남지 않도록 다시 20 mL~30 mL의 노말헥산으로 녹여 이를 앞의 100 mL 부피 플라스크에 합한다.
3. 헥산 10 mL씩으로 증발용기를 2~3회 씻고, 씻은 액을 전량 100 mL부피 플라스크에 합한 다음 노말헥산으로 표선까지 채운다.
4. 컬럼에 헥산 약 40 mL 넣고 플로리실을 시약스푼으로 층류가 발생하지 않도록 컬럼을 두드리면서 하단으로부터 10 cm ~15 cm까지 조금씩 넣는다.
5. 수행순서 3번의 노말헥산용액 전량을 1.2 mL/min의 속도로 플로리실 칼럼을 통과시킨다.
6. 처음의 유출액 약 20 mL는 버리고 그 다음 유출액 50 mL를 증발용기에 넣어 총노말헥산 시험방법 중 ⑮, ⑯, ⑰번과 같은 방법으로 시험한다.
7. 따로 시험에 사용된 노말헥산 50 mL를 증발용기에 넣어 4, 5, 6번과 같은 방법으로 조작하여

바탕시험을 행하고 보정한다.

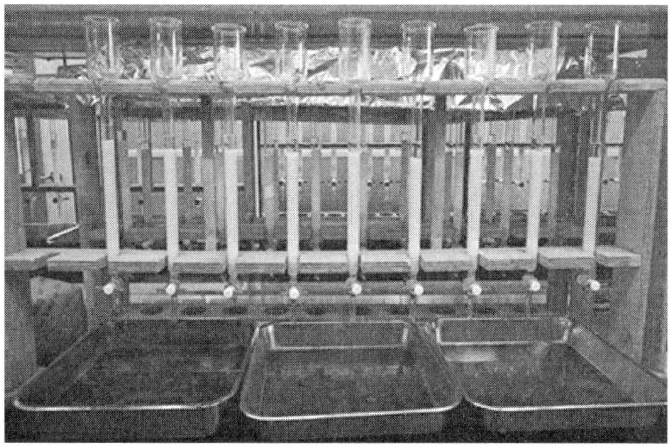

[그림 6-10] 플로리실 칼럼

수행 tip

- 노말헥산 추출물질이 5 mg이상 되도록 시료를 채취한다.
- 최종 무게 측정을 방해할 가능성이 있는 입자가 존재할 경우 0.45 μm 여과지로 여과한다.

필요지식 2 분석결과 처리

1. 노말헥산추출물질 정도관리 목푯값

〈표 6-2〉 정도관리 목푯값

정도관리 항목	정도관리 목표
정량한계	0.5 mg/L
정밀도	상대표준편차가 ± 25 % 이내
정확도	75 ~ 125 %

수행 내용 2 분석결과 계산

1 노말헥산추출물질 분석의 정밀도와 정확도를 산출한다.

1. 정제수에 동일한 농도의 표준물질(광유류)을 4개 이상 첨가한다.
2. 이를 분석절차에 따라 측정하여 평균값과 상대표준편차(RSD)를 구하여 산출한다.
3. 정밀도는 측정값의 % 상대표준편차(RSD)로 계산하며 측정값이 25 % 이내이어야 한다.

4. 정확도는 첨가한 표준물질의 농도에 대한 측정 평균값의 상대 백분율로서 나타내며 그 값이 75% ~ 125 % 이내이어야 한다.

2 노말헥산추출물질 분석결과로부터 농도를 산출한다.

1. 총 노말헥산추출물질의 무게(mg)

시료량 : mL

$$\text{총 노말헥산추출물질의 무게(mg/L)} = (a - b) \times \frac{1,000}{V}$$

〈표 6-3〉 노말헥산추출물질 분석결과

분석 회수	1	2	3	평균 (mg)	비 고
시험 후 증발용기의 무게(mg)					
시험 전 증발용기의 무게(mg)					
시험 전 · 후 증발용기의 무게차: a(mg)					
바탕시험 전 증발용기의 무게(mg)					
바탕시험 후 증발용기의 무게(mg)					
바탕시험 전 · 후 증발용기의 무게 차 : b(mg)					

2. 노말헥산추출물질 중 광유류의 무게(mg)

시료량 : mL

$$\text{노말헥산추출물질 중 광유류의 무게(mg/L)} = (a - b) \times \frac{100}{50} \times \frac{1,000}{V}$$

〈표 6-4〉 노말헥산추출물질 중 광유류 무게

분석 회수	1	2	3	평균 (mg)	비 고
유출액 중의 노말헥산추출물질의 무게 ; a (mg)					
바탕시험에 의한 잔류물의 무게 ; b (mg)					

3. 노말헥산추출물질 중 동 · 식물 유지류

노말헥산추출물질 중 동 · 식물유지류의 무게(mg/L)

= 총노말헥산추출물질의 무게(mg/L) − 노말헥산추출물질 중 광유류의 무게(mg/L)

지도교수	확 인

〈실험실습 보고서〉

실 습 제 목			
실 습 일 자	년 월 일 시간		
실 습 조		이름	
실 습 조 명			
실 험 목 적			
관 련 이 론			
실 험 시 약			
실 험 기 구			
실험기자재			
실 험 방 법			
실 험 결 과			
실 험 소 감			

실험과정 포트폴리오

실험 일시 : 년 월 일 학년 반 번 성명 :	
실험과정 사진	실험 사진 설명

실험과정 포트폴리오

실험 일시 :　　　년　　월　　일　　　학년　　반　　번　　　　성명 :

실험과정 사진	실험 사진 설명

07주차

적정법으로 용존산소 분석하기

주차 07

실습과제명: 적정법으로 용존산소 분석하기

소요시간 3

학습목표	적정법으로 용존산소를 분석할 수 있다.

① 적정법 분석 준비

필요지식 / 적정법

1. 적정법 분석 개요

뷰렛에 넣은 표준액을 시료용액에 떨어뜨려 정량적으로 반응하도록 하고, 떨어뜨린 표준액의 부피로부터 시료 중의 목적성분의 양을 구하는 방법을 적정(titration)이라 한다. 화학반응의 종류에 의해 적정을 분류하면 산과 알칼리의 중화반응을 이용해서 정량하는 중화적정(neutralization titration), 산화환원반응을 이용하는 산화환원적정(oxidation-reduction titration), 침전을 생성시키는 반응을 이용하는 침전적정(precipitation titration), 금속이온과 킬레이트 시약의 반응에 의해 킬레이트 화합물이 생성되는 반응을 이용하는 킬레이트적정(chelatometric titration)이 있다.

수행 내용 1 / 적정법 분석 준비

▌수행 순서▐

1 공정시험기준을 보고 분석순서와 절차서를 숙지한다

2 분석 항목에 필요한 시약 및 재료를 파악한다.

3 필요한 시약 및 초자나 기구 등을 준비한다.

❷ 적정법 분석 수행

필요지식 용존산소 측정법

1. DO 측정원리 : 윙클러-아지드화나트륨(Winkler-Sodium Azide) 변법

용존산소(DO)는 물에 녹아 있는 유리산소(O_2)의 양을 말하며, 대기 중의 산소는 물에 녹아 들어가 수중의 생물들이 살아가는 데 적절한 환경을 제공하기 때문에 용존산소량의 파악은 해당 수질의 좋고 나쁨을 판단하는 지표가 된다.

(1) 황산망간($MnSO_4$)에 알칼리성 요오드화칼륨(alkali-KI-NaN_3용액을 넣을 때 생기는 수산화제일망간 [$Mn(OH)_2$]이 시료 중의 용존산소(O_2)에 의하여 산화되어 산화망간(MnO_2)이 되고, 황산(H_2SO_4) 산성 하에서 용존산소량에 대응하는 요오드(I_2)를 유리하게 된다.

(2) 유리된 요오드를 티오황산나트륨($Na_2S_2O_3$)용액으로 적정하여 용존산소의 양(mg/L)을 정량한다.

(3) 아질산염(NO_2^-) 5 mg/L이하, 제일철염(Fe^{2+}) 1.0 mg/L이하에서 방해를 받지 않으며, 지표수, 지하수, 폐수 등에 적용할 수 있으며, 정량한계는 0.1mg/L 이다.

수행 내용 2 용존산소 측정

▌재료 · 자료

- 용존산소 고정 및 요오드 유리 : 황산망간 4수화물($MnSO_4 \cdot 4H_2O$), 수산화나트륨(NaOH), 요오드하칼륨(KI), 아지드화나트륨(NaN_3), 플루오르화칼륨(KF), 황산(H_2SO_4)
- 적정액 : 티오황산나트륨 5수화물($Na_2S_2O_3 \cdot 5H_2O$), 탄산나트륨(Na_2CO_3), 이소아밀알콜($(CH_3)_2CHCH_2CH_2OH$)
- 적정 지시약 : 가용성 전분(starch)
- 자료 : 수질오염공정시험기준

▌기기(장비 · 공구)

- 용존산소 측정병(300 mL정도), 피펫(pipette), 피펫 필라, 삼각 플라스크, 메스실린더, 비커(beker), 깔대기, 전자저울, 용량플라스크, 적정장치(자동뷰렛)

안전 · 유의사항

- 시료는 기포가 생기지 않게 채취하여 즉시 실험한다.
- 종말점 부근에서는 티오황산나트륨용액 한 방울에 의해서도 용액의 색이 갑자기 변하므로 신중하게 적정한다.
- 용존산소 고정 및 요오드 유리를 위해 넣어주는 시약은 반드시 순서대로 가한다.
- 이소아밀알콜은 심한 악취를 내므로 후드에서 사용한다.

1 용존산소 분석에 필요한 시약을 다음과 같이 제조한다.

1. 황산망간용액을 제조한다.
   황산망간 4수화물($MnSO_4 \cdot 4H_2O$) 480 g을 물에 녹이고, 녹지 않은 부분은 여과하여 버리고 물을 넣어 1 L로 한다.
2. 알칼리성 요오드화칼륨 아지드화나트륨용액을 제조한다.
   NaOH 500g (또는 KOH 700g), KI 150g(또는 NaI 135g), NaN_3 10g을 물에 녹여 1 L로 한다. 갈색병에 넣어 암소에서 보관한다.
3. 30 %－불화칼륨용액을 제조한다.
   KF 30 g을 물에 녹여 100 mL로 한다.
4. 0.1 N-티오황산나트륨($Na_2S_2O_3$) 용액을 제조한다.
   티오황산나트륨 5수화물($Na_2S_2O_3 \cdot 5H_2O$) 약 26 g과 무수탄산나트륨(Na_2CO_3) 약 0.2 g을 끓여 식힌 물을 넣어 녹이고 이소아밀알코올[$(CH_3)_2C_3H_5OH_3\,CH_3$)] 10 mL를 넣고 흔들어 섞은 후 끓여 식힌 물을 채워 정확히 1 L로 하여 1～2일간 방치한다.
5. 0.025 N-$Na_2S_2O_3$ 용액을 제조한다.
   0.1 N-티오황산나트륨용액 250 mL를 정확히 취하여 물을 넣어 정확히 1 L로 한다(4 배 희석).
6. 전분용액을 제조한다.
   가용성 전분 1 g을 소량의 물로 페이스트(paste) 상태로 개고, 여기에 끓는 물을 100 mL 정도 가하여 저어준다. 약 1분간 끓인 후 식혀서 사용한다.

2 시료를 DO병에 넘치도록 가득 채운 다음 마개를 막는다.

수행 tip

- 시료채취 시 기포가 발생하지 않도록 하며 온도, 압력이 변화되지 않도록 유의한다.

③ 황산망간 용액($MnSO_4$) 1 mL와 알카리성 요오드화칼륨(KI)용액 1 mL를 넣는다. 철이온[Fe^{3+}]이 포함된 시료는 KF 1 mL 를 넣는다.

④ 즉시 마개를 닫고 수회 병을 회전시키며 섞는다.

⑤ 2분 이상 정치시킨다.

수행 tip

- 갈색 floc이 침전하여 100 mL 이상의 맑은 층이 생기면 다음단계 시험을 실시한다.

⑥ 진한 황산(c-H_2SO_4) 2 mL 를 넣고 약 10초 동안 천천히 흔든다.

수행 tip

- 황산을 넣는 즉시 마개를 막고 넘치는 시료는 버린다.

⑦ 200 mL 메스실린더를 사용하여 위 용액을 정확히 200 mL 취하여 삼각플라스크에 넣는다(분석용 시료용액).

⑧ 0.025N-$Na_2S_2O_3$용액으로 엷은 황색이 될 때까지 적정한다(a mL).

⑨ 전분용액 1 mL를 넣는다(황색에서 청색으로 변색).

⑩ 계속해서 무색이 될 때까지 적정하여 티오황산나트륨($Na_2S_2O_3$)의 소비량을 읽는다(a mL).

수행 tip

- 시료 중에 제이철염(Fe^{3+})이 존재할 때에는, 황산(H_2SO_4)을 가하기 전에 플루오르화칼륨(KF)용액 1mL를 가하면 철이온(Fe^{3+}) 100~200 mg의 방해를 억제할 수 있다.

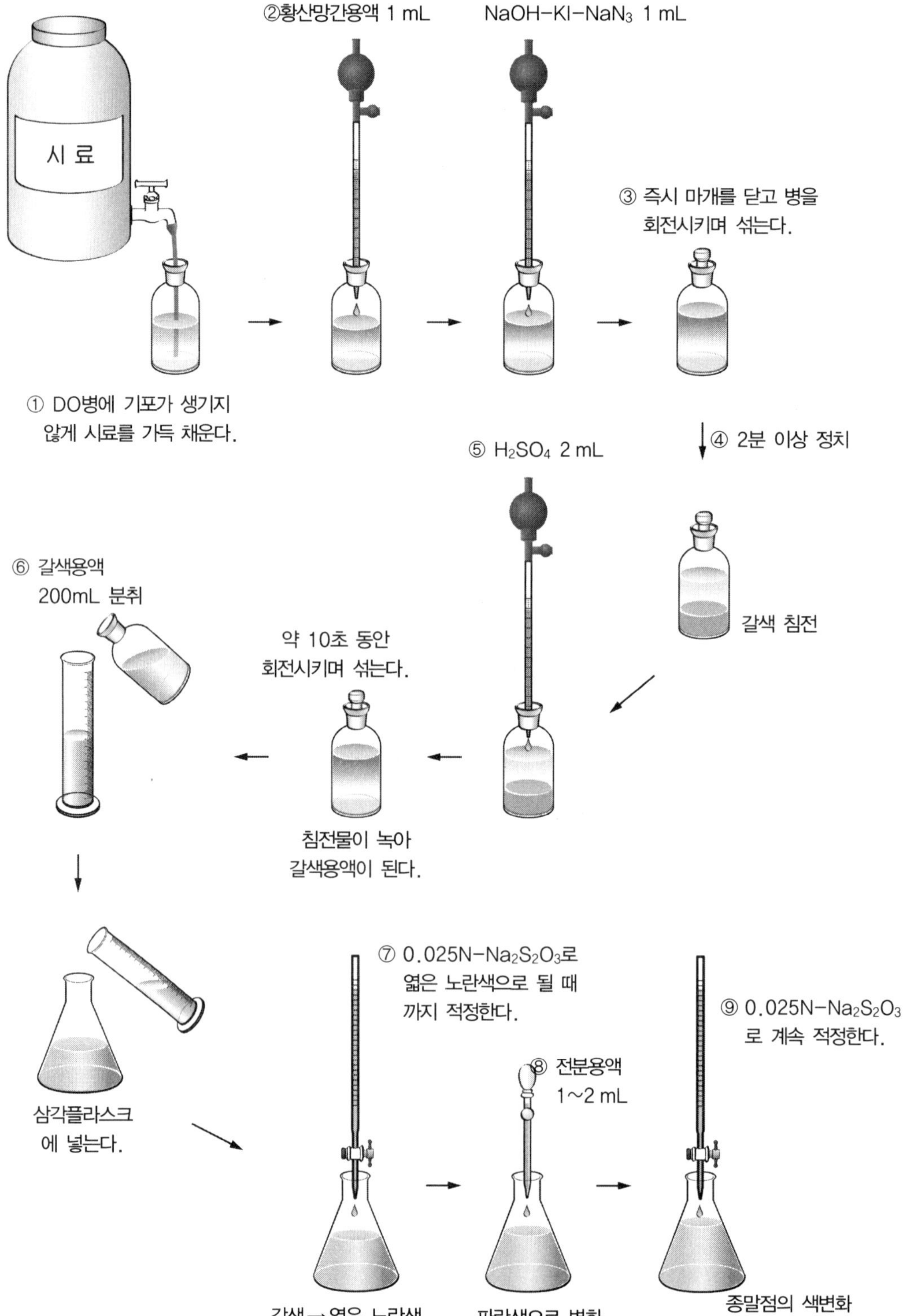

[그림 7-1] DO 분석 수행 순서

출처 : 이시영외 4인, 분석화학 Workbook, 서울도시과학기술고

③ 적정법 분석 결과

필요지식 용존산소 계산식

1. 계산식

$$DO\ (\text{mg/L or ppm}) = a \times f \times \frac{V_1}{V_2} \times \frac{1{,}000}{V_1 - R} \times 0.2$$

여기서,

a : 적정에 소비된 0.025N-$Na_2S_2O_3$ 용액 (mL)

f : 0.025N-$Na_2S_2O_3$ 용액의 역가(factor) (0.1 N-$Na_2S_2O_3$ 용액 역가와 동일)

V_1 : 전체의 시료량 (DO병의 용량) (mL)

V_2 : 적정에 사용한 시료량 (mL)

R : 황산망간용액과 알칼리성 요오드화칼륨-아지드화나트륨용액의 첨가량(mL)
(MnSO$_4$ + KI + KF의 양, H_2SO_4 첨가량은 계산하지 않음)

2. 정도관리 목표값

정도관리 항목	정도관리 목표
정량한계	0.1 mg/L

수행 내용 3 용존산소 농도계산

1. 실습결과 및 계산

① 윙클러-아지드화나트륨 변법에 의한 용존산소(DO) 측정

전체 시료량, V_1 (mL)	적정에 사용한 시료량, V_2 (mL)	$MnSO_4$ 용액과 알칼리성 요오드화칼륨-아지드화나트륨용액의 첨가량, R(mL)	$0.025N-Na_2S_2O_3$ 용액의 역가, f

② 적정에 소비된 $0.025N-Na_2S_2O_3$ 용액의 양, a (mL)

회	1	2	3	평균, a(mL)
$0.025N-Na_2S_2O_3$용액 (mL)				

③ 용존산소$\left(\frac{mg\ O}{L}\right) = a \times f \times \frac{V_1}{V_2} \times \frac{1000}{V_1 - R} \times 0.2 =$

2. 최종 결과값을 시험성적서에 기록한다.

지도교수	확 인

〈실험실습 보고서〉

실 습 제 목			
실 습 일 자	년　　월　　일　　시간		
실 습 조		이름	
실 습 조 명			
실 험 목 적			
관 련 이 론			
실 험 시 약			
실 험 기 구			
실험기자재			
실 험 방 법			
실 험 결 과			
실 험 소 감			

실험과정 포트폴리오

실험 일시 : 년 월 일 학년 반 번 성명 :

실험과정 사진	실험 사진 설명

실험과정 포트폴리오

실험 일시 : 년 월 일 학년 반 번 성명 :	
실험과정 사진	실험 사진 설명

08주차

적정법으로 생물화학적산소요구량(BOD) 분석하기

주차	실 습 과 제 명	소요시간
08	적정법으로 생물화학적산소요구량(BOD) 분석하기	3

학습목표	적정법으로 생물화학적산소요구량(BOD)을 분석할 수 있다.

① 생물화학적산소요구량(BOD) 분석

필요지식 BOD측정원리

1. 생물화학적산소요구량(BOD) 측정원리

생물화학적산소요구량(BOD)은 수중에 포함된 유기물이 호기성 미생물에 의하여 분해될 때 소비되는 산소량을 mg/L으로 나타낸다. 즉 수중의 유기물의 양을 간접적으로 나타내는 척도로 하천에서 하 · 폐수 등의 유입에 의한 오염농도를 나타내는 데 쓰인다.

이 시험방법은 시료를 20℃에서 5일간 저장하여 두었을 때 시료 중의 호기성 미생물의 증식과 호흡작용에 의하여 소비되는 용존산소의 양으로부터 측정하는 방법이다.

시료 중 용존산소의 양이 소비되는 산소의 양보다 적을 때에는 시료를 희석수로 적당히 희석하여 사용하고, 공장폐수나 혐기성 발효의 상태에 있는 시료는 호기성 산화에 필요한 미생물을 식종한 식종희석수로 희석하여 시험한다.

수행 내용 1 BOD측정

재료 · 자료

- 수산화나트륨(NaOH), 염산(HCl), 인산일수소칼륨(KH_2PO_4), 인산이수소칼륨(K_2HPO_4), 인산일수소나트륨 · 12 수화물($Na_2HPO_4 \cdot 12H_2O$), 염화암모늄(NH_4Cl), 염화칼슘($CaCl_2$), 황산마그네슘 · 7수화물($MgSO_4 \cdot 7H_2O$), 염화철(Ⅲ) · 6수화물($FeCl_3 \cdot 6H_2O$)
- 자료 : 수질오염공정시험기준

기기(장비 · 공구)

- 용존산소 측정병, BOD 배양기, 전자저울, 세척병, 메스실린더, 용량플라스크, 홀피펫, 피펫, 깔때기, 삼각 플라스크, 뷰렛(burette), 메스실린더, 비커(beaker), 스포이드

안전 · 유의사항

- 시료 중에 호기성 미생물이 존재하지 않거나 충분하지 않으면 희석수에 호기성 미생물을 첨가하여 사용한다.
- 표준 온도 20℃에서 용존산소가 과포화되어 있는지 확인한다.
- 시료수의 희석은 20℃로 5일 동안 보존할 때 최초에 포함된 산소의 40~70%가 소비되도록 한다.

1 BOD 분석에 필요한 시약을 다음과 같이 제조한다.

1. BOD용 희석수 : 온도를 20°C로 조절한 물을 솜으로 막은 유리병에 넣고 용존산소가 포화되도록 충분한 기간 동안 정치하거나, 물이 완전히 채워지지 않은 병을 흔들어서 포화시키거나 압축공기를 넣어 준다. 필요한 양을 취하여 유리병에 넣고 1,000 mL에 대하여 인산염완충용액(pH 7.2), 황산마그네슘용액, 염화칼슘용액 및 염화철(III)용액(BOD용) 각 1 mL씩을 넣는다.
2. BOD용 식종수 : 하수 또는 하천수를 실온에서 24~36시간 가라앉힌 다음 상층액을 사용한다. 하수를 사용할 경우 5~10 mL, 하천수의 경우 10~50 mL을 취하고 희석수를 넣어 1,000 mL로 한다. 토양추출액을 사용할 경우에는 식물이 살고 있는 곳의 토양 약 200 g을 물 2 L에 넣어 교반하여 약 25시간 방치한 후 그 상층액 20~30 mL를 취하여 희석수를 넣어 1,000 mL로 한다. 식종수는 사용할 때 조제한다.
3. 인산염 완충용액(pH 7.2) : 인산일수소칼륨 21.75 g, 인산이수소칼륨 8.5 g, 인산일수소나트륨 · 12수화물 44.6 g, 염화암모늄 1.7 g을 정제수에 녹여 1,000 mL로 한다.
4. 황산마그네슘 용액 : 황산마그네슘 · 7수화물 22.5 g을 정제수에 녹여 1,000 mL로 한다.
5. 염화철(III)용액 : 염화철(III) 6수화물 0.25 g을 정제수에 녹여 1,000 mL로 한다.

6. 염화칼슘 용액 : 염화칼슘 27.5 g을 물에 녹여 1,000 mL로 한다.
7. 염산용액(1 M) : 정제수 약 500 mL에 진한 염산 90 mL에 흔들며 천천히 가한 후 정제수를 넣어 1,000 mL로 한다.
8. 수산화나트륨 용액(1 M) : 수산화나트륨 40 g을 정제수에 녹여 1,000 mL로 한다.
9. 황산용액(1+35) : 황산 1 mL를 정제수에 넣고 100 mL로 한다.

2 pH가 6.5~8.5의 범위를 벗어나는 산성 또는 알칼리성 시료는 염산용액(1 mL) 또는 수산화나트륨용액(1 mL)으로 시료를 중화하여 pH 7~7.2로 맞춘다. 다만 이때 넣어주는 염산 또는 수산화나트륨의 양이 시료량의 0.5 %가 넘지 않도록 하여야 한다. pH가 조정된 시료는 반드시 식종을 실시한다.

3 시료(또는 전처리한 시료)의 예상 BOD값으로부터 단계적으로 희석배율을 정하여 3~5종의 희석시료를 2개를 한 조로 하여 조제한다.

4 BOD용 희석수 또는 BOD용 식종희석수를 사용하여 시료를 희석할 때에는 2L 메스실린더에 공기가 갇히지 않게 조심하면서 반만큼 채우고, 시료(또는 전처리한 시료) 적당량을 넣은 다음 BOD용 희석수 또는 식종 희석수로 희석배율에 맞는 눈금의 높이까지 채운다.

5 공기가 갇히지 않게 젖은 막대로 조심하면서 섞고 2개의 300 mL 용존산소 측정병에 완전히 채운 다음, 한 병은 마개를 꼭 닫아 물로 마개주위를 밀봉하여 BOD용 배양기에 넣고 어두운 상태에서 5일간 배양한다. 이때 온도는 20 ℃로 항온한다. 나머지 한 병은 15분간 방치 후에 희석된 시료 자체의 초기 용존산소를 측정하는 데 사용한다.

6 같은 방법으로 미리 정해진 희석배율에 따라 몇 개의 희석 시료를 조제하여 2개의 300 mL 용존산소 측정병에 완전히 채운 다음 위와 같은 실험을 반복한다.

7 처음의 희석 시료 자체의 용존산소량과 20 ℃에서 5일간 배양할 때 소비된 용존산소의 양을 용존산소 측정법에 따라 측정하여 구한다.

8 5일 저장기간 동안 산소의 소비량이 40 % ~70 % 범위 안의 희석 시료를 선택하여 초기 용존산소량과 5일간 배양한 다음 남아 있는 용존산소량의 차로부터 BOD를 계산한다.

9 시료를 식종하여 BOD를 측정할 때는 실험에 사용한 식종액을 희석수로 단계적으로 희석한 이후에 위의 실험방법에 따라 실험하고 배양후의 산소 소비량이 40% ~ 70% 범위 안에 있는 식종 희석수를 선택하여 배양 전후의 용존산소량과 식종액 함유율을 구하고 시료의 BOD 값을 보정한다.

시료(일정량)

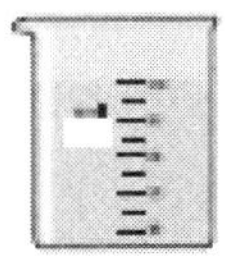

수산화나트륨 용액(4% W/V) 또는 황산(1+35)을 가하여 시료의 pH가 7이 되도록 조정한다.

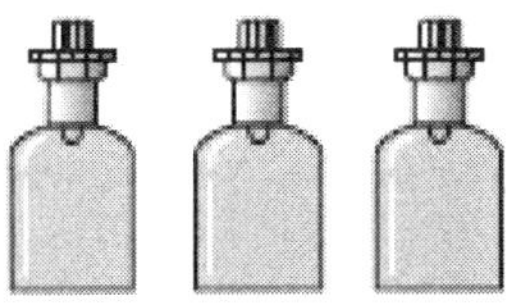

시료의 예상 BOD 값으로부터 희석 배율을 정한 후 수중의 희석 검액 3개를 한 조로 하여 조제한다.

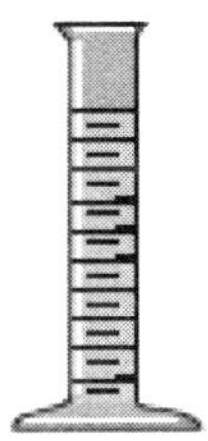

BOD용 희석수(또는 BOD용 식종 희석수)를 사용하여 검액을 희석할 때는 2L 메스실린더에 공기가 갇히지 않게 조심하면서 1/2 용량만큼 채운다.

3개의 용존산소 측정병에 완수(예, 1mL, 5mL, 10mL, 20mL 중 1개를 선택하여)를 첨가한 다음 BOD용 희석수 또는 식종 희석수로 희석 배율에 맞는 눈금의 높이까지 채운다(공기가 갇히지 않게 젖은 막대로 주의하면서 섞는다).

※ 예상 BOD 값에 대한 사전 경험이 없을 때는 다음과 같이 희석하여 검액을 조제한다.

시료	희석 비율
강한 공장 폐수	0.1~1.0%
처리하여 방류된 공장 폐수	5~25%
처리하지 않은 공장폐수와 침전된 하수	1~5%
오염된 하천수	25~100%

1개는 15분간 방치 후에 희석된 시료 자체의 용존 산소(DO)를 측정한다.

2개는 마개를 꼭 닫아 물로 마개 주위를 밀봉하여 BOD용 배양기에 넣고 20℃ 어두운 곳에서 5일간 배양한다.

각각 용존 산수(DO)를 측정하여 두 개의 평균값을 구한다.

같은 방법으로 미리 정해진 희석 배율(1 mL, 5 mL, 10 mL, 20 mL 중 선택)에 따라 몇 개조의 희석 검액을 조제하여 3개의 300 mL BOD병에 완전히 채운 다음 위와 같은 실험을 반복한다.

처음의 희석 시료 자체의 용존산소량과 20℃에서 5일간 배양할 때 소비된 용존산소량을 용존산소 측정법에 따라 측정한 값을 가지고 생물 화학적 산소요구량을 구한다.

※ 시료를 식종하여 BOD를 측정할 때는 실험에 이용한 식종액을 희석수로 단계적으로 희석하여 이하 위의 실험 방법에 따라 실험하고, 배양 후의 산소 소비량이 5일 후에 40~70% 범위 안에 있는 식종 희석수를 선택하여 배양 전후의 용존산소량과 식종액 함유율을 구해 시료의 BOD 값을 보정한다.

[그림 8-1] BOD 분석법

출처 : 박석순외 4인. 고등학교 수질관리. 교육과학기술부

수행 tip

- 예상 BOD값에 대한 사전경험이 없을 때에는 희석하여 시료를 조제한다. 오염정도가 심한 공장폐수는 0.1~1.0 %, 처리하지 않은 공장폐수와 침전된 하수는 1~5 %, 처리하여 방류된 공장폐수는 5~25 %, 오염된 하천수는 25~100 %의 시료가 함유되도록 희석 조제한다.

필요지식 BOD 분석결과처리

1. 생물화학적 산소요구량(BOD) 계산식

(1) 식종하지 않은 시료

$$\mathrm{BOD(mg/L)} = (D_1 - D_2) \times P$$

여기서,

D_1 : 15분간 방치된 후의 희석(조제)한 시료의 DO(mg/L)

D_2 : 5일간 배양한 다음의 희석(조제)한 시료의 DO(mg/L)

P : 희석시료 중 시료의 희석배수(희석시료량/시료량)

(2) 식종희석수를 사용한 시료

$$\mathrm{BOD(mg/L)} = [(D_1 - D_2) - (B_1 - B_2) \times f] \times P$$

여기서,

D_1 : 15분간 방치된 후의 희석(조제)한 시료의 DO(mg/L)

D_2 : 5일간 배양한 다음의 희석(조제)한 시료의 DO(mg/L)

B_1 : 식종액의 BOD를 측정할 때 희석된 식종액의 배양 전 DO(mg/L)

B_2 : 식종액의 BOD를 측정할 때 희석된 식종액의 배양 후 DO(mg/L)

f : 희석시료 중의 식종액함유율(x %)과 희석한 식종액 중의 식종액함유율(y %)의 비(x/y)

P : 희석시료 중 시료의 희석배수(희석시료량/시료량)

(3) 정도관리 목푯값

정도관리 항목	정도관리 목표
정밀도	상대표준편차값 ± 15 % 이하
정확도	85~115 %

수행 내용 2 BOD농도계산

(1) 식종하지 않은 시료

희석시료의 15분간 방치한 후의 DO, D_1(mg/L)	희석시료의 5일간 배양한 후의 DO, D_2(mg/L)	시료의 희석배수 (희석시료량/시료량), P	0.025N-$Na_2S_2O_3$ 용액의 역가, f

$$\mathrm{BOD(mg/L)} = (D_1 - D_2) \times P =$$

(2) 식종희석수를 사용한 시료

희석시료의 15분간 방치한 후의 DO, D_1(mg/L)	희석시료의 5일간 배양한 후의 DO 평균값, D_2(mg/L)	희석된 식종액의 배양전 DO(mg/L), B_1(mg/L)	희석된 식종액의 배양후 DO(mg/L), B_2(mg/L)	희석시료 중의 식종액 함유율(x %)과 희석한 식종액 중의 식종액 함유율(y %)의 비(x/y), f	시료의 희석배수(희석시료량/시료량), P

$$\mathrm{BOD(mg/L)} = [(D_1 - D_2) - (B_1 - B_2) \times f] \times P =$$

지도교수	확 인

〈실험실습 보고서〉

실 습 제 목			
실 습 일 자	년 월 일 시간		
실 습 조		이름	
실 습 조 명			
실 험 목 적			
관 련 이 론			
실 험 시 약			
실 험 기 구			
실험기자재			
실 험 방 법			
실 험 결 과			
실 험 소 감			

실험과정 포트폴리오

실험 일시 : 년 월 일 학년 반 번 성명 :	
실험과정 사진	실험 사진 설명

실험과정 포트폴리오

실험 일시 :　　년　　월　　일　　학년　　반　　번　　　성명 :	
실험과정 사진	실험 사진 설명

09주차

적정법으로 화학적산소요구량(COD) 분석하기

주차 **09**

실습과제명

적정법으로 화학적산소요구량(COD) 분석하기

소요시간 3

학습목표	적정법으로 화학적산소요구량(COD)을 분석할 수 있다.

1 COD 분석

필요지식 COD측정원리

1. COD 측정원리 : 산성 과망간산칼륨($KMnO_4$)법

화학적산소요구량은 물속의 유기물을 화학적으로 산화시킬 때, 소비되는 산화제의 양을 산소의 양으로 환산하여 나타낸 값 (mg/L)으로 수질오염의 지표가 된다.

이 시험기준은 시료를 황산(H_2SO_4) 산성으로 하여 유기물을 일정과량의 과망간산칼륨($KMnO_4$)으로 30분간 수욕상에서 산화하고, 남은 과망간산칼륨을 동일한 양의 옥살산나트륨($Na_2C_2O_4$)으로 환원시킨 후, 남은 옥살산나트륨을 과망간산칼륨으로 역적정함으로써 유기물과 산화반응한 과망간산칼륨의 양을 구하고 이를 산소의 양으로 환산하여 COD(mg/L)를 측정하는 방법이다.

이 시험 방법은 지표수 · 하수 · 폐수 등에 적용하여 염소이온이 2,000 mg/L 이하인 시료에 적용한다.

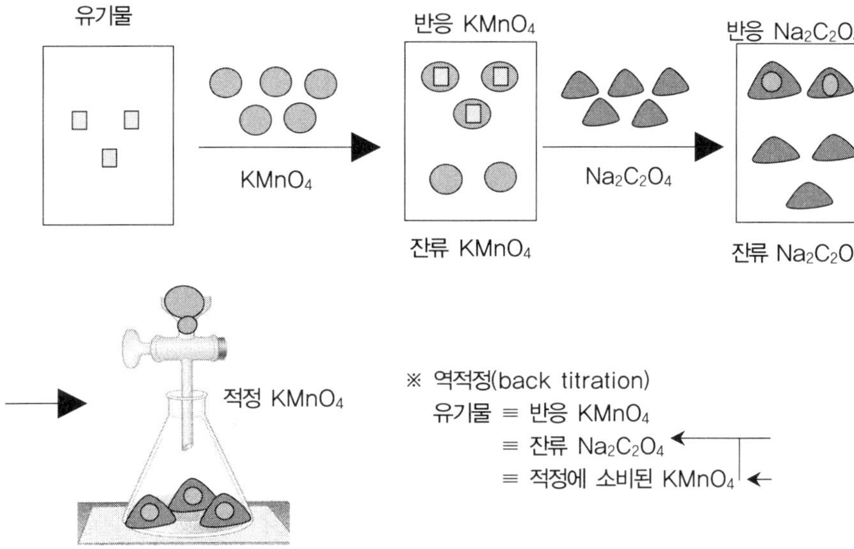

[그림 9-1] COD 측정원리

수행 내용 1 COD측정

재료 · 자료

- 적정 표준액 : 과망간산칼륨($KMnO_4$), 옥살산나트륨($Na_2C_2O_4$)
- 시료의 산화 : 황산(H_2SO_4), 황산은(Ag_2SO_4), 과망간산칼륨($KMnO_4$)
- 자료 : 수질오염공정시험기준

기기(장비 · 공구)

- 전자저울, 둥근바닥플라스크, 리비히 냉각관, 항온수조, 세척병, 용량플라스크, 피펫, 깔때기, 데시케이터(desiccator)

안전 · 유의사항

- 과망간산칼륨($KMnO_4$) 용액은 강한 산화제이므로 취급에 주의하고 갈색 유리병에 넣어 뚜껑을 한 후 냉암소에 보관한다.
- 적정액의 온도는 70~80℃를 유지한다.
- 시료의 양은 30분간 가열 반응한 후에 0.025 N-$KMnO_4$의 소모량이 3.5 mL ~ 5.5 mL 범위 안에 들도록 취한다.
- 황산은(Ag_2SO_4)은 매우 독성이 강하므로 피부 접촉, 증기 호흡을 하지 않도록 각별히 주의를 한다.

1 COD 분석에 필요한 시약을 제조한다.

1. (1+2) H_2SO_4 용액을 제조한다.

물 20 mL에 황산(H_2SO_4) 10 mL를 교반하면서 천천히 넣어 식힌다.

2. 0.1N-$KMnO_4$ 용액을 제조한다.

$KMnO_4$ 약 3.2 g을 약 1,000 mL의 정제수에 녹여 1 ~ 2시간 끓인 다음 하루 동안 암소에 방치하고 유리여과장치에 여과하여 깨끗한 갈색병에 넣어 암소에 보관한다.

(1) 표정

150℃~200℃에서 1 시간 건조하여 황산 건조용기에서 식힌 옥살산나트륨(표준시약) 약 0.3 g을 정밀히 달아 500 mL 삼각플라스크에 넣고 정제수 200 mL를 넣어 녹인 다음 황산 (1 + 1) 10 mL를 넣고 가열판 상에서 60℃~ 80℃로 액체의 온도를 유지하면서 조제한 과망간산칼륨용액으로 적정한다. 처음에 약 40 mL는 신속하게 넣어 반응시키고 다음에는 서서히 적정하여 과망간산칼륨의 엷은 홍색이 약 30 초간 지속되면 종말점으로 한다. 따로 정제수 200 mL를 취하여 같은 방법으로 시험하고 보정한다.

(과망간산칼륨용액(0.02 M) 1 mL = 6.700 mg $Na_2C_2O_4$)

3. 0.025N-$KMnO_4$ 용액 제조한다.

0.1 N-$KMnO_4$ 용액 250 mL를 정확히 취하여 물을 넣어 정확히 1,000 mL로 한다(4 배 희석).

4. 0.025 N-$Na_2C_2O_4$ 용액을 제조한다.

150 ℃~200 ℃에서 약 1 시간 건조하고 데시케이터에서 식힌 옥살산나트륨($Na_2C_2O_4$) 1.675 g을 물에 녹여 1 L로 한다.

2 300 mL 갈아 맞춘 둥근바닥플라스크에 시료 적당량을 넣고 물을 가하여 100 mL가 되게 한다.

수행 tip

- 시료의 양은 30분간 가열 반응한 후에 0.025 N-$KMnO_4$의 소모량이 3.5 mL~5.5 mL 범위 안에 들도록 취한다.

3 (1+2) 황산 10 mL를 넣고 황산은(Ag_2SO_4) 분말 약 1 g을 넣어 세게 흔들어 섞고 수분간 방치한다.

4 0.025 N-$KMnO_4$ 용액 10 mL를 정확히 넣고 둥근 바닥 플라스크에 환류냉각기를 연결하여 냉각수를 순환시킨다.

5 물 중탕의 수면이 시료의 수면보다 높게 하여 끓는 물 중탕에서 30분간 가열한다.

수행 tip

- 시료의 양은 30분간 가열 반응한 후에 0.025 N-$KMnO_4$의 소모량이 3.5 mL~5.5 mL 범위 안에 들도록 취한다. 가열하는 동안 과망간산칼륨의 엷은 홍색이 모두 없어지면 시료의 유기물 농도가 너무 높다는 것을 의미하므로 시료의 양을 줄여서 다시 처음부터 실험한다.

6 가열이 끝나면 소량의 증류수로 냉각관 내부를 씻어내며, 이때 씻은 액은 플라스크 안으로 흘러 들어가도록 하여 냉각관을 떼어낸다.

7 0.025 N-옥살산나트륨용액 10 mL를 정확하게 넣고 60℃~70℃를 유지하면서 0.025 N-과망간산칼륨용액으로 역 적정한다.

수행 tip

- 적정의 당량점을 과망간산칼륨의 변색으로 판단하기 위해서 과망간산칼륨용액으로 역적정 한다.

8 용액의 색이 무색에서 엷은 분홍색으로 바뀔 때를 종말점으로 한다(b mL).

9 따로 물 100 mL를 사용하여 순서대로 바탕 시험을 한다(a mL).

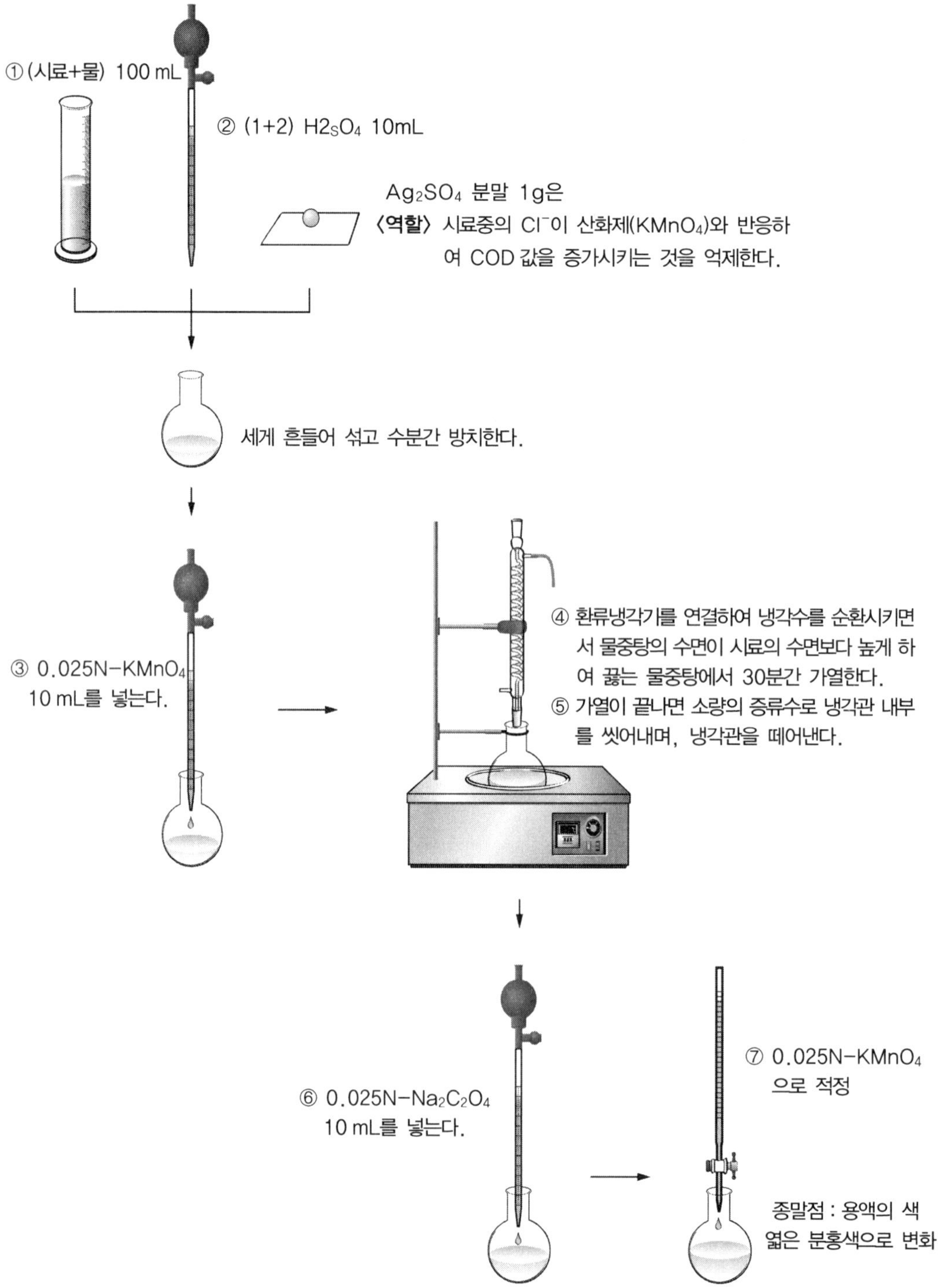

[그림 9-2] COD 분석법

출처 : 이시영외 4인, 분석화학 Workbook, 서울도시과학기술고

수행 tip

- 시료 100 mL 대신 물 100 mL를 취하여 본시험과 똑같은 순서대로 바탕시험을 한다.
- 시료의 COD값이 10 mg/L 이하일 경우에는 시료 100 mL를 취하여 그대로 시험하며, 정확한 COD값이 요구될 경우에는 0.025N-$KMnO_4$의 소모량이 처음 가한 양의 50 %에 접근하도록 시료량을 취한다.
- 가열과정에서 오차가 발생할 수 있으므로 물중탕의 온도와 가열시간을 잘 지켜야 한다.

2 적정법 분석결과

필요지식 화학적 산소요구량 분석결과 처리

1. 계산식

$$\text{COD(mg O/L)} = (b-a)\times f\times\frac{1,000}{V}\times 0.2$$

여기서,

a : 바탕 시험의 적정에 소비된 0.025 N-$KMnO_4$ 용액(mL)

b : 본 시험의 적정에 소비된 0.025 N-$KMnO_4$ 용액(mL)

f : 0.025 N-$KMnO_4$ 용액의 역가(factor)(= 0.1 N-$KMnO_4$ 용액의 역가)

V : 시험에 사용한 시료의 양(mL)

2. 결과 표시

분석결과는 0.1 mg/L까지 표기한다.

3. 정도관리 목푯값

정도관리 항목	정도관리 목표
정밀도	상대표준편차가 ± 25 % 이내
정확도	75~125 % 이내

(1) 산성 100℃ 과망간산칼륨법에 의한 COD 측정

측정에 사용한 시료의 양, V(mL)	시료에 넣어준 0.025N-$KMnO_4$ 용액의 양(mL)	산화 후 시료에 넣어준 0.025N-$Na_2S_2O_4$ 용액의 양(mL)	0.025N-$KMnO_4$용액의 역가, f

(2) 적정에 소비된 0.025 N-과망간산칼륨 용액의 양(mL)

회	1	2	3	본시험 평균, b(mL)	바탕시험, a(mL)
0.025N-$KMnO_4$ 용액의 양 (mL)					

(3) 화학적 산소요구량(mg/L)

$$\text{COD(mg O/L)} = (b-a)\times f\times \frac{1,000}{V}\times 0.2 =$$

지도교수	확인

〈실험실습 보고서〉

실습제목			
실습일자	년 월 일 시간		
실습조		이름	
실습조명			
실험목적			
관련이론			
실험시약			
실험기구			
실험기자재			
실험방법			
실험결과			
실험소감			

실험과정 포트폴리오

실험 일시 :　　년　　월　　일　　학년　　반　　번　　　성명 :	
실험과정 사진	실험 사진 설명

실험과정 포트폴리오

실험 일시 : 년 월 일 학년 반 번 성명 :	
실험과정 사진	실험 사진 설명

10주차

적정법으로 염소이온(Cl^-) 분석하기

주차 10

실습과제명 : 적정법으로 염소이온(Cl^-) 분석하기

소요시간 3

학습목표 적정법으로 염소이온(Cl^-)을 분석할 수 있다.

① Cl^-(Chlorid) 분석

필요지식 / Cl^-측정원리

1. 염소이온(Cl^-) 측정원리 : 질산은 적정법(Mohr 법)

염소이온(Cl^-)은 물속에 용해되어 있는 염화물 중의 염소를 말하며 자연수에는 Cl^-가 아주 적은 양이 함유되어 있는데, 대부분 지질에서 유래한 것으로 암염층에 의한 것, 특히 해안 지방에서는 해수의 침수에 의한 것이다. 그런데 인간생활에 식염은 꼭 필요한 물질로 이 때문에 생활하수, 산업폐수, 분뇨 중에는 Cl^-가 상당량 함유되어 있으며 물속의 염소이온은 이들 요인에 의하여 증가하게 되므로 Cl^- 농도는 수질오염의 지표가 된다.

(1) 1856년 Fr. Mohr가 창안한 침전적정법으로 Cl^-, Br^-, CN^- 등이 함유된 시료에 지시약으로 크롬산칼륨(K_2CrO_4)을 넣고 질산은($AgNO_3$) 표준액으로 적정하여 적갈색 침전(Ag_2CrO_4)이 생성되면 종말점으로 한다.

예) Cl^- (시료) +$AgNO_3$ (적정 표준액) → $AgCl$ (↓)(흰색 침전) + NO_{3-}

$2AgNO_3 + K_2CrO_4$ (지시약) → Ag_2CrO_4(↓) (적갈색 침전) + $2KNO_3$ … 종말점

(2) 이것은 크롬산은(Ag_2CrO_4)의 용해도가 염화은($AgCl$)의 용해도보다 크기 때문에 처음에 가하는 Ag^+은 당량점에 도달할 때까지는 염소이온(Cl^-)과 반응하여 $AgCl$로 거의 정량적으로 침전한다. 당량점 이후에 가하는 Ag^+은 크롬산이온(CrO_4^{2-})과 반응하여 적갈색의 크롬산은(Ag_2CrO_4) 침전을 생성하므로 적정의 종말점을 판단할 수 있다.

(3) Mohr 법은 Cl^-, Br^-, CN^-의 적정에 적합하나 I^-, SCN^- SCN$^-$을 적정할 때에는 $AgNO_3$ 표준액과 반응하여 생성되는 AgI, AgSCN의 흡착력이 강하여 CrO_4^{2-}을 흡착하고 당량점 이전에서 변색하므로 적당하지 않다.

수행 내용 1 　Cl^-측정

▌재료 · 자료

- 시료의 중화 : 수산화나트륨(NaOH), 황산(H_2SO_4)
- 표준액 : 질산은($AgNO_3$)
- 적정 지시약 : 크롬산칼륨(K_2CrO_4)
- 자료 : 수질오염공정시험기준

▌기기(장비 · 공구)

- 칭량병, 용량플라스크(1 L), 홀피펫(25mL), 피펫, 삼각플라스크, 갈색 뷰렛(50 mL), 전자저울, 백금접시, 전기로, 데시케이터(desiccator, silicagel), pH 미터

▌안전 · 유의사항

- 질산은($AgNO_3$) 시약은 피부에 묻으면 까맣게 부식시키므로 묻지 않도록 주의한다.
- 질산은 용액을 조제할 때는 염화물이 없는 증류수를 사용한다.
- 질산은 용액은 햇빛에 의해 분해되므로 갈색 뷰렛을 사용하여 적정하고 갈색병에 넣어 냉암소에 보관한다.
- 종말점을 찾는데 신중을 기한다.

1 염소이온 분석에 필요한 시약을 다음과 같이 제조한다.

1. 4 w/v %-수산화나트륨 용액을 제조한다.
   NaOH 4 g을 물에 녹여 100 mL로 한다.
2. (1+35) 황산용액을 제조한다.
   II_2SO_4 1에 물 35의 비율로 혼합한다(예 : 물 105 mL + H_2SO_4 3 mL).
3. 5 %-K_2CrO_4 용액을 제조한다.
   크롬산칼륨(K_2CrO_4) 5 g을 증류수에 녹여 전체 100 mL가 되게 한다.
4. 0.1 N-질산은 표준액을 제조한다.
   질산은($AgNO_3$) 17.0 g을 물에 녹여 1 L로 하고 표정하여 갈색병에 보관한다.
5. 0.01 N-질산은 표준액을 제조한다.
   0.1 N-질산은 용액 100 mL를 정확히 취하여 물을 넣어 정확히 1 L로 한다(10배 희석).

2 시료 50 mL를 정확히 취하여 삼각 플라스크에 넣고 수산화나트륨용액(4 w/v %) 또는 황산용액(1+35)을 사용하여 중화한다.

3 지시약인 5 %-크롬산칼륨용액 1 mL를 넣고 0.01 N-질산은용액으로 적정하여 적갈색 침전이 나타날 때를 종말점으로 하여 적정에 소비된 질산은 표준액의 양을 읽는다(a mL).

4 따로 물 50 mL를 삼각 플라스크에 취하고 지시약을 넣어 위와 같이 적정하여 바탕실험으로 한다(b mL).

【염소이온 측정 (본 실험)】

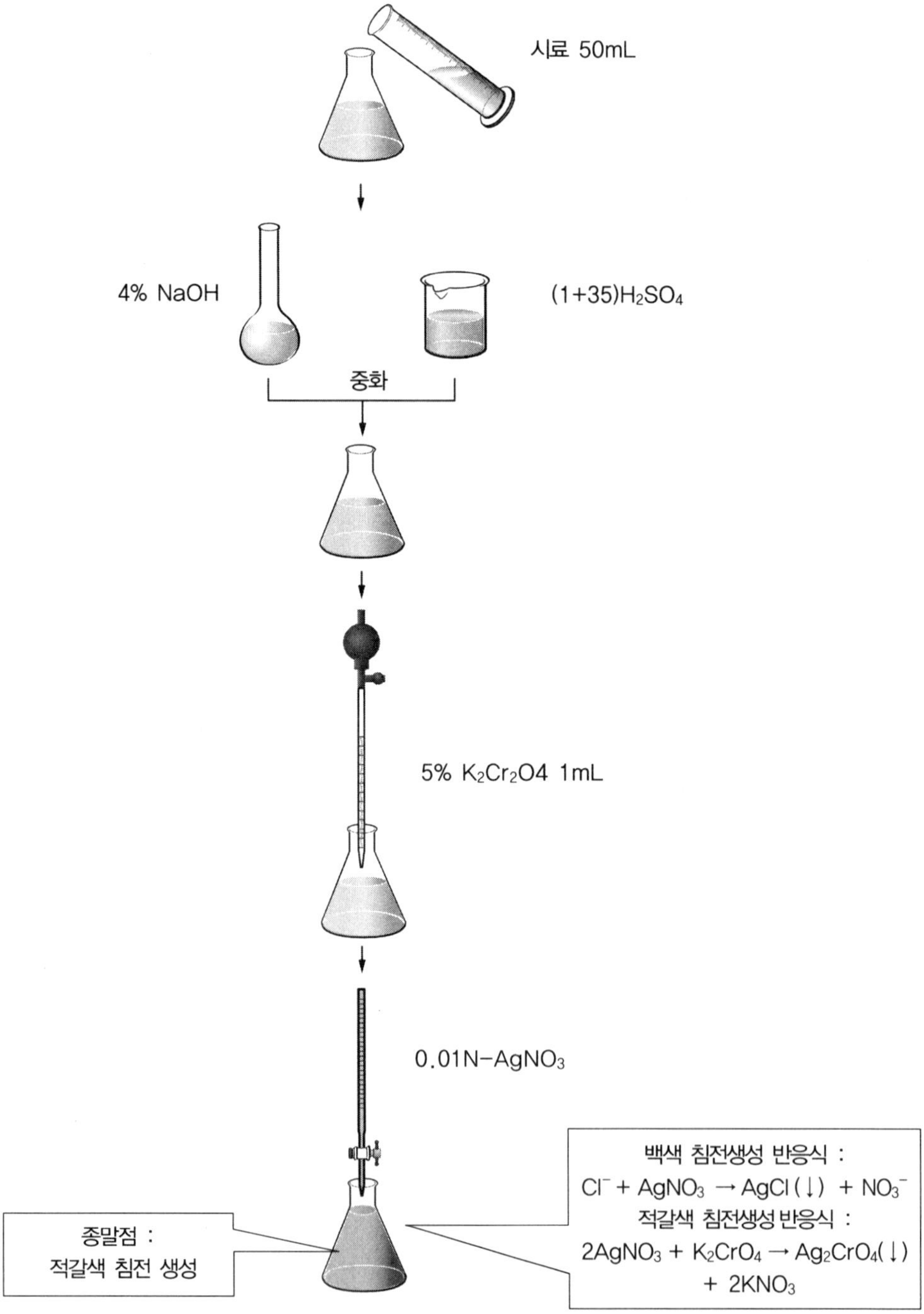

【염소이온 측정 (바탕 실험)】

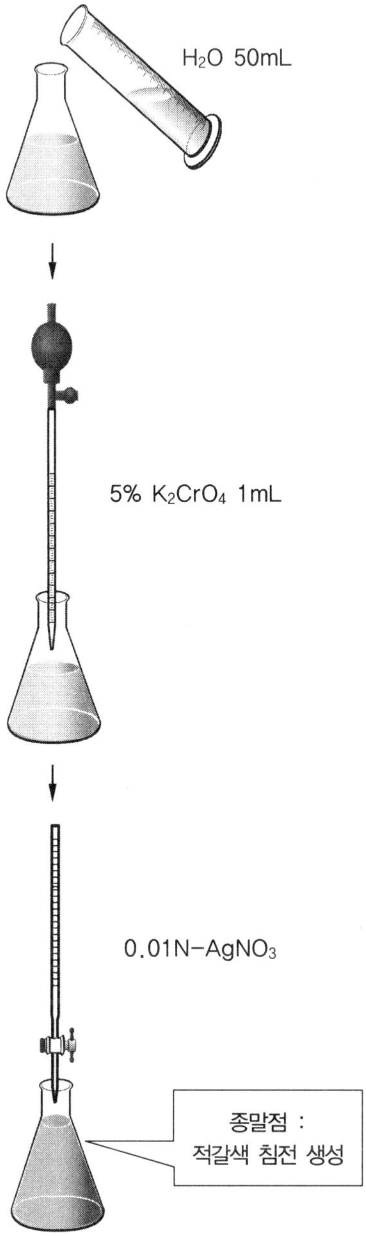

[그림 10-1] 염소이온 분석법

출처 : 이시영외 4인, 분석화학 Workbook, 서울도시과학기술고

② 적정법 분석결과

필요지식 염소이온 분석결과 처리

1. 염소이온(Cl^-) 계산식

(1) 계산식

$$\text{염소 이온(mg/L)} = (a-b) \times f \times 0.3545 \times \frac{1{,}000}{V}$$

여기서,

a : 시료의 적정에 소비된 0.01 N-질산은 용액(mL)
b : 바탕시험액의 적정에 소비된 0.01 N-질산은 용액(mL)
f : 0.01 N-질산은 용액 역가(factor)(0.1 N-질산은 용액의 역가와 동일)
V : 시료량(mL)

(2) 정도관리 목푯값

정도관리 항목	정도관리 목표
정량한계	0.7 mg/L
정밀도	상대표준편차가 ± 25 % 이내
정확도	75~125 %

수행 내용 2 Cl^-농도 계산

(1) 염소 이온(Cl^-) 농도 측정

시료량, V(mL)	0.01 N-$AgNO_3$ 역가, f	본 실험에 소비된 0.01 N-$AgNO_3$의 양, a(mL)	바탕실험에 소비된 0.01 N-$AgNO_3$의 양, b(mL)

(2) 염소 이온(Cl^-) 농도(mg/L)

$$Cl^-\,(\mathrm{mg/L}) = (a-b) \times f \times 0.3545 \times \frac{1{,}000}{V} \quad =$$

지도교수	확 인

〈실험실습 보고서〉

실 습 제 목			
실 습 일 자	년 월 일 시간		
실 습 조		이름	
실 습 조 명			
실 험 목 적			
관 련 이 론			
실 험 시 약			
실 험 기 구			
실험기자재			
실 험 방 법			
실 험 결 과			
실 험 소 감			

실험과정 포트폴리오

실험 일시 : 년 월 일 학년 반 번 성명 :	
실험과정 사진	실험 사진 설명

실험과정 포트폴리오

실험 일시 : 년 월 일 학년 반 번 성명 :

실험과정 사진	실험 사진 설명

11주차

전극법으로 pH · 용존산소 · 전기전도도 측정하기

주차 11	실 습 과 제 명 전극법으로 pH · 용존산소 · 전기전도도 측정하기	소요시간 3

학습목표	전극법으로 pH·용존산소·전기전도도를 측정할 수 있다.

① pH 측정

필요지식 전극법

1. 전극법 분석 개요

전극법 분석은 pH 등 용존 이온의 상태를 전류의 세기로 측정하는 방법이다. pH는 기준 전극과 비교 전극으로 구성된 측정기로 양전극 간에 생성되는 기전력의 차를 이용하여 측정하는 방법이고, DO는 용존산소가 격막을 통과하여 전극의 표면에서 산화 환원 반응을 일으킬 때 산소의 농도에 비례하여 전류가 흐르게 되는데 이 전류량으로부터 용존산소량을 측정하는 방법이다. 전기 전도도는 물질이나 용액이 전하를 운반할 수 있는 정도로 비저항의 역수이며, 전극법으로 분석할 수 있는 항목은 pH, DO, 전기 전도도 등이다.

수행 내용 1 전극법 분석준비

[1] 분석 의뢰서를 열람하여 적정법 관련 고객의 요구 항목을 파악한다.

1. 시료와 함께 제출된 고객의 분석 의뢰서를 열람한다.
2. 분석 의뢰서를 보고 검사 시험의 목적, 시료명, 시험 항목 등을 확인한다.

[2] 표준 작업 절차서를 확인하여 분석 순서와 절차서를 확인한다.

[3] 전극법 분석에 필요한 시약 및 재료를 파악한다.

1. 표준 작업 절차서와 공정시험기준을 참고하여 필요한 시약 및 용매를 준비한다.
2. 표준 작업 절차서와 공정시험기준을 참고하여 필요한 초자 기구나 분석 기기 등을 준비한다.

필요지식 전극법 분석수행

1. pH 측정기

pH 측정기(pH meter)는 유리 전극법을 활용하며, 기준 전극과 비교 전극으로 구성된 검출부를 물속에 넣으면 양전극 간에 기전력 차가 발생되는데 이를 이용하여 물속의 수소 이온 농도(pH)를 측정할 수 있다. 수온이 0 ~ 40℃인 지표수, 지하수, 폐수에 적용되며, 정량 범위는 pH 0 ~ 14이다.

pH 측정기는 보통 유리 전극 및 비교 전극으로 된 검출부와 검출된 pH를 표시하는 지시부로 구성되어 있다. 지시부에는 비대칭 전위 조절(영점 조절)용 꼭지 및 온도 보상용 꼭지가 있다. 온도 보상용 꼭지가 없는 것은 온도 보상용 감온부가 있다. 유리 전극은 수소 이온의 농도가 감지되는 전극이며, 비교 전극은 은-염화은과 칼로멜 전극이 주로 사용되며, 기준 전극과 작용 전극이 결합된 전극이 측정하기에 편리하다.

2. 용존산소 측정기

용존산소(DO) 측정기(DO meter)는 격막 전극법을 활용하며, 격막(membrane)에 의해 시료와 분리된 전해질 용액 속에 다른 종류의 두 가지 금속으로 이루어진 전극이 들어 있는 회로로 구성되어 있다.

두 전극에 일정한 전압을 걸어 주고, 산소가 격막을 통해 확산되면 음극(cathode)에서 산소가 환원되는데, 이 과정에서 전류 흐름이 형성된다. 형성된 전류의 크기는 산소 분압에 비례하므로 DO 값을 측정할 수 있으며, 정량 한계는 0.5 mg/L이다. <표 11-1>의 폴라로그래픽 또는 갈바니 전극 및 이와 동등한 전극을 사용하여 용존산소를 측정하고, 소수점 첫째 자리까지 표시할 수 있어야 한다.

〈표 11-1〉 폴라로그래픽(polarographic) 전극의 반응

구분	특성
전해질 용액	KCl
외부 공급 전원	0.65~0.80V
양극(anode): 은(Ag)	$4Ag(s)+4Cl^- \rightarrow AgCl(s)+4e^-$
음극(cathode): 금(Au) or 백금(Pt)	$O_2+2H_2O+4e^- \rightarrow 4OH^-$: O_2의 환원 반응

3. 전기 전도도 측정기

전기 전도도 측정기는 지시부와 검출부로 구성되어 있다. 지시부는 교류 휘트스톤 브리지(Wheatstone bridge) 회로나 연산 증폭기 회로 등으로 구성된 것을 사용하며, 검출부는 한 쌍의 고정된 전극(보통 백금 전극 표면에 백금 흑도금을 한 것)으로 된 전도도 셀 등을 사용한다.

전도도 셀은 형태, 위치, 전극의 크기에 따라 각각 자체의 셀 상수를 가지고 있다. 셀 상수는 전도도 표준 용액(염화칼륨 용액)을 사용하여 결정하거나 셀 상수가 알려진 다른 전도도 셀과 비교하여 결정할 수 있으나, 일반적으로 기기 제작사의 지침서 또는 설명서에 명시되어 있다. 전기 전도도 측정기 중 25℃에서의 자체 온도 보상 회로가 장치되어 있는 것이 사용하기에 편리하다. 그러한 장치가 없는 경우에는 온도에 따른 환산식을 사용하여 25℃에서 전기 전도도값으로 환산해야 한다.

수행 내용 1 pH측정(유리 전극법)

▌재료 · 자료

- pH 측정기 교정: pH 4.00, pH 7.00, pH 10.01의 pH 표준액
- 여과지, 정제수, 수질오염 공정시험기준

▌기기(장비 · 공구)

- pH 측정기, 세척병, 핀셋, 비커(beaker)

▌안전 · 유의사항

- pH 측정기를 사용할 때 유리 전극이 깨지지 않도록 조심하여 다룬다.
- pH 측정기를 보관할 때는 유리 전극에 물이 들어 있는 보호캡을 반드시 씌워 보관한다.

▌수행 순서▐

1 pH 분석을 위한 처리 기간을 확인한다.

1. 공정시험기준의 시료 보존 기한을 확인한다.

2 표준 작업 절차서를 확인하여 pH 측정 절차와 순서를 숙지한다.

3 pH 전극 교정을 위해서는 측정기의 전원을 켜고 시험 시작까지 30분 이상 예열하며, 전극은 정제수에 3회 이상 반복하여 씻고 물방울은 잘 닦아낸다.

④ 전극 pH 4.00 표준 용액에 담그고 표시된 값을 보정한다.

⑤ 전극을 표준 용액에서 꺼내어 정제수로 3회 이상 세척하고 거름종이 등으로 가볍게 닦아낸다.

⑥ pH 7.0 표준 용액과 pH 10.01 표준 용액에 대하여 각각 ②~③ 과정을 수행하여 표시된 값을 보정한다(그림 11-1 참조).

⑦ 최종적으로 pH의 측정은 다음과 같이 수행한다([그림 11-1] 참조).

1. 유리 전극을 미리 정제수에 수시간 담가둔다.
2. 유리 전극을 정제수에서 꺼내어 거름종이 등으로 가볍게 닦 낸다.
3. 유리 전극을 측정하고자 하는 시료에 담가 pH의 측정 결과가 안정화할 때까지 기다린다.
4. 측정된 pH가 안정되면 측정값을 기록한다.
5. 시료로부터 pH 전극을 꺼내어 정제수로 세척한 다음 거름종이 등으로 가볍게 닦아내어 제조사에서 제시하는 보관 용액 또는 정제수에 담아 보관한다.

수행 tip

- 전극이 더러워진 경우 세제나 염산 용액(0.1M) 등으로 닦아 낸 다음 정제수로 충분히 흘려 씻어 낸다.
- 오랜 기간 건조 상태에 있었던 유리 전극은 미리 하루 동안 pH 7 표준 용액에 담가 놓은 후에 사용한다.
- 보정은 3개 이상의 pH 표준액으로 실시한다.

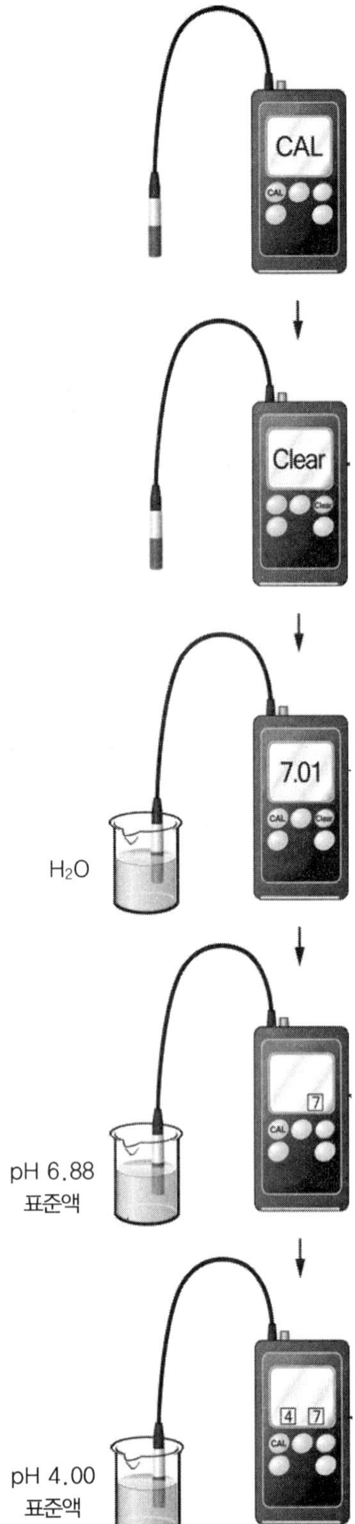

"CAL"키를 누른다.

곧바로 "Clear" 키로 눌러 이전에 보정된 ④ ⑦ ⑩ 값을 지운다.

유리전극을 물에 담가두어 pH7정도의 값을 일정하게 지시할 때까지 기다린다.

pH7.00 표준액에 전극을 담그고 몇 분 후에 "CAL"를 누른다. 화면 하단에 ⑦이 나타난다. … 1점 보정

전극을 깨끗한 물로 씻고 부드러운 휴지로 남은 물방울을 닦아낸 후 pH4.00 표준액에 전극을 담그고 몇 분 후에 "CAL"를 누른다. 화면 하단에 ④ ⑦이 나타난다. … 2점 보정
마찬가지로 pH10.01표준액액에 전극을 담가 "CAL"를 누른다.
화면 하단에 ④ ⑦ ⑩이 나타난다. … 3점 보정

[그림 11-1] pH 전극 보정

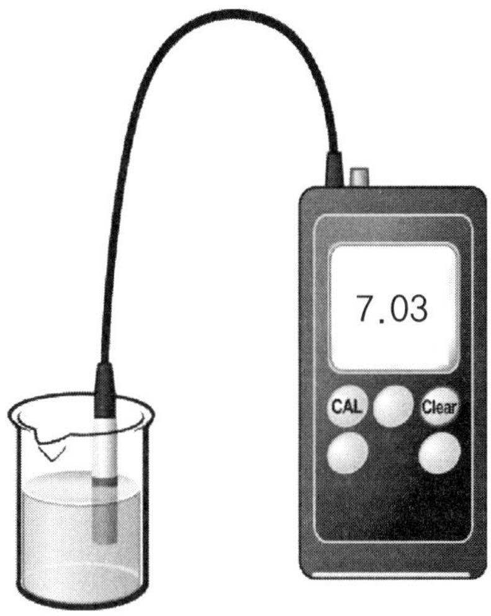

[그림 11-2] pH 측정법

수행 내용 2 용존산소 측정(격막전극법)

재료 · 자료

- 무수 아황산나트륨(Na_2SO_3), 수질오염 공정시험기준

기기(장비 · 공구)

- DO 측정기, 세척병, 핀셋, 비커(beaker), 온도계, BOD병(300mL)

안전 · 유의사항

- 용존산소(DO) 측정기는 징밀한 기기이므로 조심스럽게 다룬다.
- 용존산소 측정기는 측정 전에 깨끗한 물에 전극을 충분히 담가 두었다가 보정을 한 후 사용한다.
- 사용 후 DO 전극은 스펀지에 물을 적셔 슬리브(sleeve)에 넣어 보관한다.

수행 순서

1 용존산소 분석 기간을 파악한다.

1. 공정시험기준의 시료 보존 기한을 확인한다.

2 표준 작업 절차시를 확인하여 용존산소 분석 절치와 순서를 숙지한다.

3 보정 슬리브 안에 있는 스펀지를 물로 흠뻑 적시고 전극을 가능한 한 깊숙이 넣는다.

4 기기를 켜고(전면 판넬에 있는 on/off 스위치 사용), 전극을 후면 패널의 "O_2 Elect."에 연결하며, 전극이 편극될 때까지 기다린다(20 ~ 50분 정도).

5 화면의 커서가 Cal에 갈 때까지 "Mode Key"를 누른다. Mode Key는 누를 때마다 커서가 Cal, %, mg/L와 ℃ 사이를 계속하여 순회한다.

6 "Mode Key Pad" 를 짧게 눌렀다 놓으면, '---'이 잠시 나타났다가 전극/격막 사이의 편극 기울기값이 나타난다. 이 값이 0.7 ~ 1.2 사이를 나타내면 보정이 끝난 것이다.

7 보정 슬리브를 전극에서 빼낸다. 이때 전극은 DO를 측정할 상태가 된 것이다.

8 "Mode Key"를 눌러 측정 단위를 mg/L 나 %로 선택한다.

9 온도 측정부(stainless steel thermistor)가 잠길 정도로 전극을 측정 시료에 넣는다.

10 화면의 값이 안정화되었을 때, 그 값을 읽는다(DO 측정값).

수행 tip

- 시료를 흔들어 주고 시료 안의 전극을 움직여서 최소한 15 cm/s의 속도로 시료가 격막을 통과하도록 한다.
- 시료에 염분이 있을 경우 동일한 상태에서 물의 산소 용해도가 작아진다. 그러므로 mg/L 단위로 DO를 측정할 경우에는 염분 농도에 대한 값을 보정해 주어야 한다.

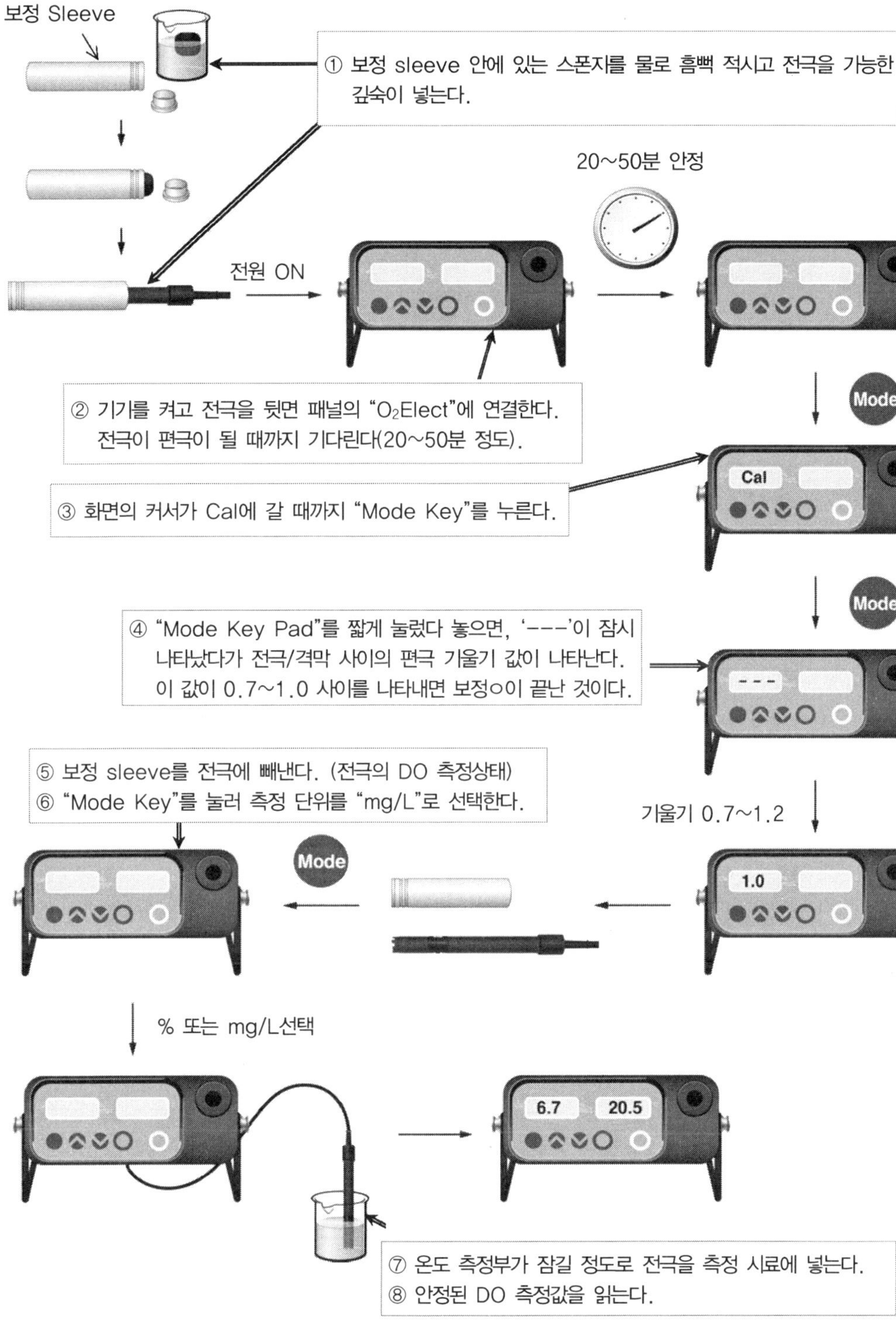
보정 Sleeve
① 보정 sleeve 안에 있는 스폰지를 물로 흠뻑 적시고 전극을 가능한 깊숙이 넣는다.
20~50분 안정
전원 ON
② 기기를 켜고 전극을 뒷면 패널의 "O_2Elect"에 연결한다. 전극이 편극이 될 때까지 기다린다(20~50분 정도).
Mode
③ 화면의 커서가 Cal에 갈 때까지 "Mode Key"를 누른다.
Cal
Mode
④ "Mode Key Pad"를 짧게 눌렀다 놓으면, '---'이 잠시 나타났다가 전극/격막 사이의 편극 기울기 값이 나타난다. 이 값이 0.7~1.0 사이를 나타내면 보정○이 끝난 것이다.
---
⑤ 보정 sleeve를 전극에 빼낸다. (전극의 DO 측정상태)
⑥ "Mode Key"를 눌러 측정 단위를 "mg/L"로 선택한다.
기울기 0.7~1.2
Mode
1.0
% 또는 mg/L선택
6.7
20.5
⑦ 온도 측정부가 잠길 정도로 전극을 측정 시료에 넣는다.
⑧ 안정된 DO 측정값을 읽는다.

[그림 11-3] DO 측정법

수행 내용 3 전기전도도 측정

▌재료 · 자료

- 0.01M 염화칼륨 용액(KCl), 수질오염 공정시험기준

▌기기(장비 · 공구)

- 전기 전도도 측정기, 세척병, 핀셋, 비커(beaker), 온도계

▌안전 · 유의사항

- 전기 전도도 측정기의 유리 전극은 깨지지 않도록 조심하여 다룬다.
- 전기 전도도 측정 기기는 보정 후 사용하고, 전극은 항상 증류수로 잘 씻어 수중에 잠긴 상태로 보관한다.

▌수행 순서▐

1 전기전도도 측정기의 전극을 증류수로 씻는다.

1. 공정시험기준의 시료 보존 기한을 확인한다.

2 전기 전도도 보정 용액에 전극을 담가 둔다.

3 스위치를 켜고 보정 용액에 맞는 전도도 범위를 선정한다.

4 표시된 값이 보정 용액의 전도도값과 최소한 ±0.2μS/cm 정도로 일치하도록 온도 계수 조절 나사를 돌린다.

5 온도 계수가 결정되면 전극을 측정할 시료에 담가 둔다.

6 표시된 전도도값을 읽는다.

7 측정을 종료한 후 스위치를 끄고 전극을 증류수로 씻어 수중에 잠긴 상태로 보관해 둔다.

수행 tip

- 측정기를 보정할 때에는 염화칼륨 용액(0.01M)으로 2~3회 씻어 주고, 25±0.5℃에서 셀을 염화칼륨용액에 잠기게 한 상태에서 전기 전도도를 측정한다.
- 전도도를 측정할 때에는 측정 대상 시료를 사용하여 셀을 2~3회 씻어 준다.

1. 방법 검출 한계

검출 한계는 매질에 포함된 측정 항목의 검출 가능한 최저 농도로 해당 항목의 분석을 실시하기 전에 실시하여야 하며, 분석 장비, 분석자, 시험 방법 등의 변동이 발생했을 때는 재실시하고, 변동이 발생하지 않아도 연 1회 이상 정기적으로 실시하여야 한다. 방법 검출 한계를 산출하는 식은 아래와 같다.

$$\text{방법 검출 한계} = t - \text{분포값} \times s(\text{시료 분석 결과의 표준편차})$$

위의 t-분포값은 다음 표와 같이 구한다(n = 검출 한계를 시험한 시료의 수).

〈표 11-2〉 t-분포값

자유도(n-1)	2	3	4	5	6	7	8	9
t-분포값	6.96	4.54	3.75	3.36	3.14	3.00	2.90	2.82

2. 정확도

정확도(accuracy)란 시험 분석 결과가 참값에 얼마나 근접하는가를 나타내는 척도로서 임의 오차(random error)와 계통 오차(systematic error) 요소들을 포함한다. 정확도는 동일한 매질의 인증 시료나 또는 해당 표준물질을 첨가한 시료와 첨가하지 않은 시료의 농도를 각각 측정하여 아래의 식에 따라 평가한다. 일반적으로 정밀도의 기준은 ±25% 이내의 값이다.

$$\text{정확도}(\%) = \frac{|\text{표준 물질을 첨가한 시료 농도} - \text{첨가하지 않은시료 농도}|}{\text{첨가 농도}} \times 100$$

3. 정밀도

정밀도는 실제 참값을 반복 측정하여 분석한 결과의 일치도, 즉 재현성을 의미한다. 정밀도는 일반적으로 상대 표준편차(RSD: relative standard deviation)로 표현되며, 백분율로 표시한 % RSD를 변동 계수(CV: coefficient of variation)로 표현하기도 한다. 또 반복된 2개의 시료에 대한 상대차이 백분율(RPD: relative percent difference)로 표현한다. 일반적으로 정밀도의 기준은 25% 이내의 값이다.

$$\text{정밀도}(\%) = \frac{\text{측정값들의 표준편차}}{\text{측정값들의 평균}} \times 100$$

4. pH 측정

pH는 어떤 용액이 산성인지, 중성인지 또는 알칼리성인지를 나타내는 척도로 사용한다. 순수한 물은 pH 7 정도의 중성이고, 빗물은 대기 중의 이산화탄소 및 기타 용해성 물질로 인하여 pH 5.6 정도, 바닷물은 pH 8.0~8.3의 범위이다.

순수한 물은 $[H^+] = [OH^-] = 1.0 \times 10^{-7} mol/L$로 나타나며, 산성 용액은 $[H^+] > [OH^-]$, 염기성 용액은 $[H^+] < [OH^-]$로 나타낸다. 또 pH와 pOH 사이의 관계는 pH + pOH = 14.0이며, 아래의 계산식으로 값이 산출된다. 산출된 값의 결과 보고는 소수점 첫째 자리까지 표기한다.

$$\begin{aligned} pH + pOH &= -(\log[H^+] + \log[OH^-]) = -\log([H^+][OH^-]) \\ &= -\log(1.0 \times 10^{-14}) = 14.0 \end{aligned}$$

5. 용존산소 측정

용존산소(DO) 측정 정도 관리 항목으로는 정량 한계와 정확도가 있으며, 정도 관리 목표는 다음과 같이 나타낸다. 산출된 값의 결과 보고는 소수점 첫째 자리까지 표기한다.

〈표 11-3〉 DO 정도 관리 목푯값 기입

정도 관리 항목	정도 관리 목표
정량 한계	0.5 mg/L
정확도	95~105 % 이내

6. 전기 전도도 측정

전기 전도도 측정에서 측정결과의 결과 보고는 정수로 정확하게 표기하며, 측정 단위는 μS/cm이다. 정도 관리 항목은 정밀도가 있으며, 목표는 다음과 같이 나타낸다.

〈표 11-4〉 전기 전도도 정도 관리 목푯값 기입

정도 관리 항목	정도 관리 목표
정밀도	상대 표준편차가 ±20% 이내

또 전기 전도도 측정의 셀 상수와 측정 범위는 다음 표를 활용한다.

〈표 11-5〉 전기 전도도 셀 상수와 측정 범위

셀 상수 (cm^{-1})	측정 범위 (μS/cm)
0.01	20 이하
0.10	1~20
1	10~2,000
10	100~20,000
50	1,000~200,000

수행 내용 3 전극법 분석결과 처리

재료 · 자료

- 수질오염 공정시험기준, 노트, 시험 성적서 양식

기기(장비 · 공구)

- 공학용 계산기

안전 · 유의사항

- 시험 성적서 표기 방법에 유의해서 작성한다.

수행 순서

1 각 항목의 분석 결과값을 노트에 기록한다.

2 최종 분석 결과값으로 시험 성적서를 작성한다.

지도교수	확 인

〈실험실습 보고서〉

실 습 제 목			
실 습 일 자	년 월 일 시간		
실 습 조		이름	
실 습 조 명			
실 험 목 적			
관 련 이 론			
실 험 시 약			
실 험 기 구			
실험기자재			
실 험 방 법			
실 험 결 과			
실 험 소 감			

실험과정 포트폴리오

실험 일시 : 년 월 일 학년 반 번 성명 :	
실험과정 사진	실험 사진 설명

실험과정 포트폴리오

실험 일시 :　　년　　월　　일　　학년　　반　　번　　　성명 :	
실험과정 사진	실험 사진 설명

12주차

비색법으로 암모니아성질소(NH_3-N) 분석하기

주차	실 습 과 제 명	소요시간
12	비색법으로 암모니아성질소(NH_3-N) 분석하기	3

학습목표	비색법으로 암모니아성질소(NH_3-N) 분석할 수 있다.

① 암모니아성질소(NH_3–N, Ammonium Nitrogen) 분석

필요지식 / 비색법

1. 비색법 정의

비색법(UV-visible spectrophotometry)은 어떤 색깔을 표준색에 의거하여 평가하는 방법으로 광전지나 광전관을 사용하는 흡광 광도법이 일반적이다. 흡광 광도법은 빛이 시료 용액층을 통과할 때 흡수나 산란 등에 의하여 강도가 변화하는 것을 이용하는 방법이며, 시료에 시약을 넣어 발색시킨 용액의 흡광도를 측정하여 시료 중의 목적 성분을 정량하는 방법으로 파장 200~900nm에서 액체 흡광도를 측정함으로써 환경오염물질의 유해 성분 분석에 널리 이용되고 있다.

비색법으로 분석할 수 있는 주요 항목은 암모니아성질소, 총인, 총질소, 철, 비소, 음이온계면활성제 등이 있다.

2. 비색법 분석 원리

비색법은 광원으로부터 나오는 빛을 단색화 장치(monochromator) 또는 필터에 의하여 좁은 파장 범위의 빛만을 선택하여 용액층을 통과시킨 다음 광전 측광으로 흡광도를 측정하여 목적 성분의 농도를 정량하는 방법이다. 강도가 I_0인 단색 광속이 다음 그림과 같이 농도 C, 길이가 l인 용액층을 통과하면 이 용액에 빛이 흡수되어 입사광의 광도가 감소한다. 통과한 직후 빛의 강도 I_t와 I_0 사이에는 램버트-비어(Lambert-Beer) 법칙에 의하여 다음의 관계가 성립한다.

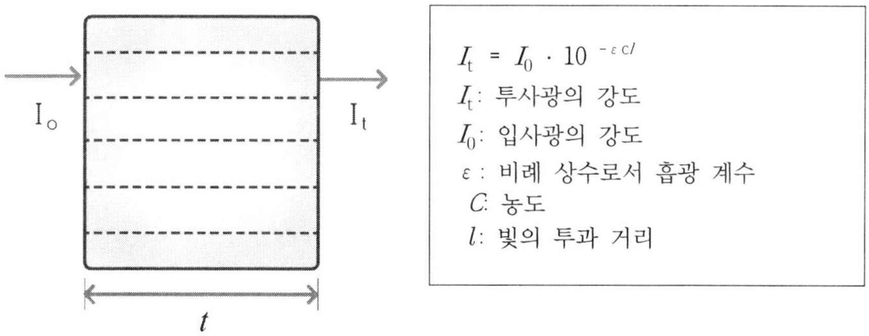

[그림 12-1] 비색법(UV/VIS) 분석 원리

C=1mol, l=10mm일 때, ε의 값을 몰 흡광 계수라고 한다.

$$t(\text{투과도}) = \frac{I_t}{I_0}, \quad T(\text{투과 퍼센트}) = t \times 100$$

$$A(\text{흡광도}) = \log\left(\frac{1}{t}\right)$$

램버트-비어의 법칙은 대조액층을 통과한 빛의 강도를 I_o, 측정하려고 하는 액층을 통과한 빛의 강도를 I_t로 했을 때도 똑같은 식이 성립하기 때문에 정량이 가능한 것이다. 흡광도를 이용한 램버트-비어 법칙을 식으로 표시하면 $A = ecl$이 되므로 농도를 알고 있는 표준액에 대하여 흡광도를 측정하고 흡광 계수(e)를 구해 놓으면 시료액에 대해서도 같은 방법으로 흡광도를 측정함으로써 정량할 수 있다. 대조액 층으로는 보통 용매 또는 바탕 시험액을 사용하며 이것을 대조액이라고 한다.

3. 비색법 기기 구성

비색법(UV-VIS)은 다음과 같이 광원부, 파장 선택부, 시료부, 측광부 등 네 가지로 구성되어 있으며, 각 구성별 특징은 다음과 같다.

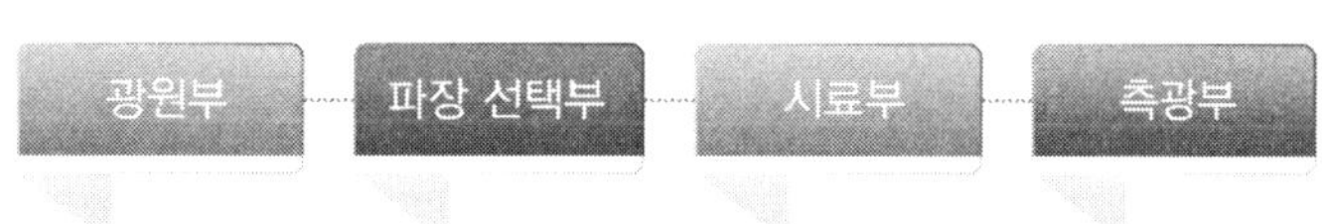

[그림 12-2] 비색법(UV-VIS) 기기 구성

- 광원부의 광원은 텅스텐 램프, 중수소 방전관 등을 사용한다.
- 파장 선택부의 파장 선택은 단색 화장치 또는 필터를 사용한다.
- 시료부는 시료액을 넣은 흡수셀(cell)과 대조액을 넣는 흡수셀(대조셀)이 있고, 이 셀을 보호하기 위한 셀 홀더와 이것을 광로에 올려놓을 시료셀로 구성된다.

- 측광부의 광전 측광에는 광전관, 광전자 증배관, 광전도 셀 또는 광전지 등을 사용하고, 필요에 따라 증폭기 대수 변환기가 있으며 지시계, 기록계 등을 사용한다.

4. 암모니아성 질소 분석 원리

암모니아성 질소는 암모늄염의 양을 그 염에 함유된 질소의 양으로 나타낸 것으로, 물이 유기체 질소로 오염된 경우 점차 분해되어 우선 암모니아를 생성하므로 물의 오염도를 나타내는 지표로 사용된다. 암모니아성 질소는 다시 산화되어 아질산이 되고 최종적으로 질산(窒酸)이 되어 안정화 된다. 분석 원리로는 인도페놀법이 있으며, 이는 암모늄 이온($NH4^+$)이 하이포염소산 이온(ClO^-)의 존재 하에서 페놀(⌬-OH)과 반응하여 생성하는 인도페놀[Indophenol, 짙은 청색 화합물(O=⌬=N-⌬-OH)]의 청색을 630nm에서 측정하는 방법이다.

수행 내용 1 UV 작동법 파악

재료 · 자료

- UV 기기 사용 매뉴얼

기기(장비 · 공구)

- UV, PC, 흡수셀

안전 · 유의사항

- 기기 작동 후 전원을 차단한다.

1 기기와 PC의 전원을 켠다.

2 정량 모드(acquire mode)를 클릭한다.

3 quantitative parameter를 클릭한다.

4 분석하고자 하는 시료의 파장과 반복 횟수, 농도 범위 등을 입력한다.

5 대조셀을 광로에 넣고 영점을 맞춘다.

6 분석하고자 하는 시료의 표준 용액을 차례대로 넣고 검정 곡선(검량선)을 작성한다.

7 표준 용액의 흡광도(ABS)와 농도와의 재현성이 양호하면 분석하고자 하는 미지 시료를 정량 분석한다.

수행 tip

- UV 작동 매뉴얼을 보고 단계별로 작동해 본다.

수행 내용 2 NH_3-N 분석

재료 · 자료

- 전처리 시약 : 수산화나트륨(NaOH)용액(4w/v%), 황산(H_2SO_4)용액(1+35), 산화마그네슘(MgO), 4% 과황산칼륨($K_2S_2O_8$)용액, 0.025M 황산(H_2SO_4)용액
- 분석 시약 : 염화암모늄(NH_4Cl), 수산화나트륨(NaOH), 하이포염소산나트륨(NaOCl) 용액, 페놀(C_6H_5OH) 아세톤(CH_3COCH_3), 나이트로플루시드나트륨[$Na_2Fe(CN)_5NO$] 용액

기기(장비 · 공구)

- UV-VIS, PC, 비커, 필러, 부피 플라스크, 건조기, 전자저울, 데시케이터, 약포지, 세척병, 피펫, 홀피펫, 고압 증기 멸균기, 냉각관, 분해병, 증류 장치, 흡수셀, 비등석, 공학용 계산기

안전 · 유의사항

- 방해 성분의 영향, 재현성, 안전성을 고려하여 최적의 파장과 셀을 선택한다.
- 발색 용액의 온도 변화, 방치 시간에 따라 흡광도가 변화하므로 유의하여야 한다.
- 시약의 농도, 첨가량 및 첨가 순서에 따라 발색에 영향을 줄 수 있다.
- 표준 용액 제조 시 시약 넣는 순서가 바뀌지 않도록 한다.
- 페놀은 후드 안에서 수욕상으로 중탕하여 사용하고 화상에 주의한다.

1 암모니아성 질소 시료를 전처리한다(시료에 따라 생략할 수 있다).

1. 시료 적당량(암모니아성 질소로서 0.03mg 이상 함유량)을 취하여 수산화나트륨 용액(4W/V%) 또는 황산 용액(1+35)으로 중화하고 증류 플라스크에 옮긴다.
2. 산화마그네슘 0.3 g과 비등석 수 개를 넣고 물을 넣어 액량을 약 350 mL로 한다.
3. 수기(受器)는 200 mL 용량의 눈금실린더에 0.05 M 황산 용액 50 mL를 넣고 증류 장치를 조립한 다음 가열하여 5~7 mL/min 유출 속도로 증류한다.
4. 수기의 액량이 약 150 mL가 되면 증류를 중지하고 냉각관을 증류 플라스크와 분리하여 냉각관

의 내부를 소량의 물로 씻어 수기에 합하고 물을 넣어 200 mL로 한다.

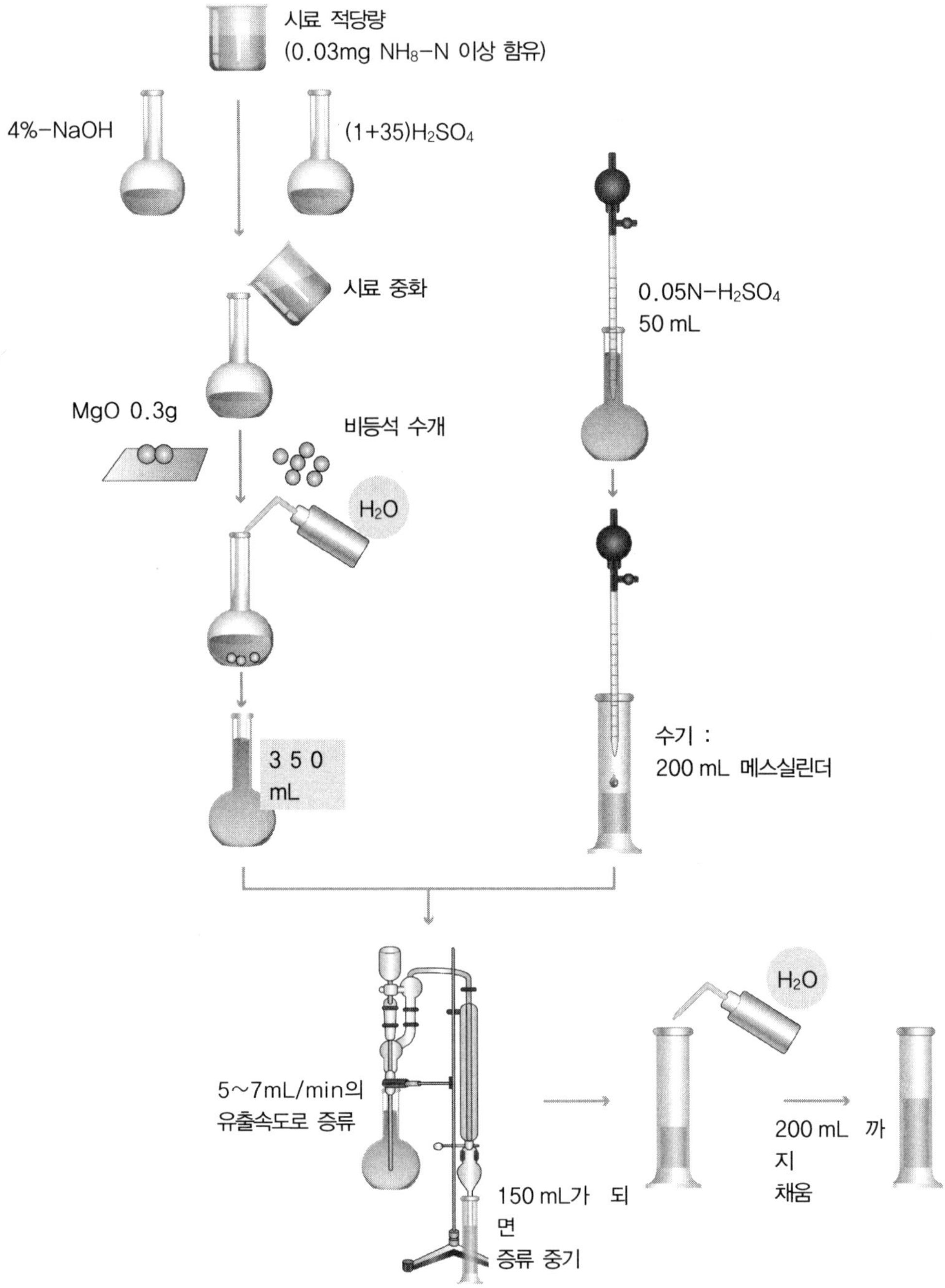

[그림 12-3] 암모니아성 질소 시료 전처리

2 암모니아성 질소 분석 시약을 제조한다.

1. 20% 수산화나트륨 용액 : 수산화나트륨 20g을 정제수 100 mL에 녹인다.
2. 10% 하이포염소산나트륨 용액 : 하이포염소산나트륨 10 mL를 정제수에 녹여 100 mL로 한다.
3. 나트륨페놀라이트 용액 : 페놀 12.5 g, 20% NaOH 27.5 mL, 3 mL를 정제수에 녹여 100 mL로 한다.
4. 나이트로플루시드나트륨 용액 : 0.15 g을 정제수에 녹여 100 mL로 한다.

3 표준 용액을 제조하여 검량선을 작성한다.

1. 암모니아성 질소 표준 원액(0.1 mg/ mL = 100 mg/L)을 제조한다.
   (1) 염화암모늄 0.381g을 정제수에 녹여 1 L로 한다.
   (2) 이 용액 1 mL는 암모니아성 질소 0.1 mg을 함유한다.
2. 암모니아성 질소 표준 용액(0.005 mg/ mL = 5 mg/L)을 제조한다.
   (1) 암모니아성 질소 표준 원액 5 mL를 분취해서 100 mL 부피 플라스크에 넣고 정제수로 채운다. 이때의 농도는 표준 원액의 20배 희석된 농도이며, 쓸 때에 만든다.
3. 검량선 작성을 위한 표준 용액을 제조한다.
   (1) 2번의 암모니아성 질소 표준 용액(5 mg/L)을 2, 4, 6, 8, 10 mL를 단계적으로 50 mL 부피 플라스크에 넣고 각각에 정제수를 넣어 30 mL 정도 되게 한다.
   (2) 각각에 나트륨페놀라이트 용액 10 mL를 넣는다.
   (3) 나이트로플루시드나트륨 용액 1 mL를 넣는다.
   (4) 하이포염소산나트륨 용액 5 mL를 넣고, 50 mL 부피 플라스크의 표선을 정제수로 채운다.
   (5) 20~25°C에서 약 30분간 방치한다.
   (6) 이 용액의 일부를 10 mm 흡수셀에 넣고 630 nm에서 흡광도를 측정한다.
   (7) 암모니아성 질소의 농도(mg/L)를 가로축(x축)에, 암모니아성 질소 ABS 측정값을 세로축(y축)에 취하여 검량선을 작성한다.

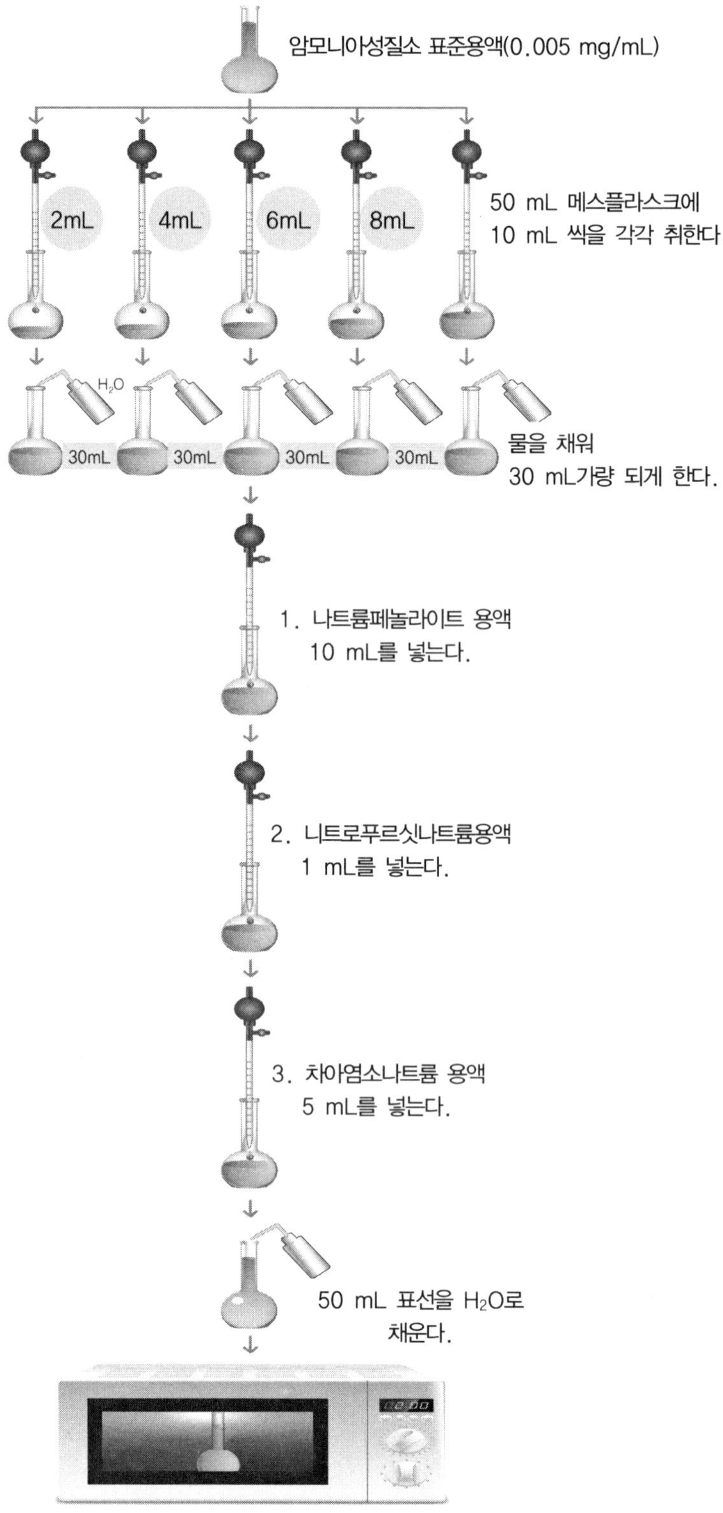

[그림 12-4] 암모니아성 질소 표준 용액 실험 과정

[4] 바탕 시험액(blank)을 제조한다.

1. 검량선 작성을 위한 바탕 시험액은 정제수 30mL에 표준 용액 실험 방법과 동일하게 하여 검량선 작성 시 바탕 시험액으로 사용한다.

[5] 암모니아성 질소를 분석한다.

1. 전처리 또는 여과한 시료 2 mL를 취하여 50 mL 부피 플라스크에 넣고 물을 넣어 약 30 mL로 한다.
2. 나트륨 페놀라이트 용액 10 mL를 넣는다.
3. 나이트로플루시드나트륨 용액 1 mL를 넣는다.
4. 하이포염소산나트륨 용액 5 mL를 넣는다.
5. 물을 넣어 50 mL 부피 플라스크 표선을 채운 다음 20~25℃에서 30분간 방치한다.
6. 이 용액의 일부를 10mm 셀에 넣고 630nm에서 측정한다.
7. 표준 용액의 흡광도(ABS)값을 가지고 계산식에 대입하여 시료의 농도 값을 구한다.

수행 tip

- 바탕 시험액과 표준 용액, 시료 분석 과정에 주입하는 시약의 주입 순서가 바뀌지 않도록 한다.
- 암모니아성 질소 측정 파장은 630nm이므로 사용되는 흡수셀은 유리, 석영, 플라스틱 셀 중 하나를 선택해서 사용한다.
- 상관 계수(R)값이 1에 근접할수록 검량선의 직선성이 양호하다.

1. 검정 곡선의 작성 및 검증

검정 곡선을 작성하고 얻어진 검정 곡선의 결정 계수(R^2) 또는 감응 계수(RF : response factor)의 상대 표준편차가 일정 수준 이내이어야 하며, 결정 계수나 감응 계수의 상대 표준편차가 허용 범위를 벗어나면 재작성하여야 한다. 감응 계수는 검정 곡선 작성용 표준 용액의 농도(C)에 대한 반응값(R)으로 아래와 같이 산출한다.

$$\text{감응 계수} = \frac{R}{C}$$

검정 곡선은 분석할 때마다 작성하는 것이 원칙이며, 분석 과정 중 검정 곡선의 직선성을 검증하기 위하여 각 시료군(시료 20개 이내)마다 1회의 검정 곡선 검증을 실시한다. 검증은 방법 검출 한계의 5~50배 또는 검정 곡선의 중간 농도에 해당하는 표준 용액에 대한 측정값이 검정 곡선 작성 시의 지시값과 10% 이내에서 일치하여야 한다. 만약 이 범위를 넘는 경우 검정 곡선을 재작성하여야 한다.

2. 검출 한계

기기 검출 한계는 시험 분석 대상 물질을 기기가 검출할 수 있는 최소한의 농도 또는 양으로서, 일반적으로 S/N비의 2 ~ 5배 농도 또는 바탕 시료를 반복 측정하여 분석한 결과의 표준편차에 3배 한 값 등을 말한다.

방법 검출 한계는 시료와 비슷한 매질 중에서 시험 분석 대상을 검출할 수 있는 최소한의 농도로서, 제시된 정량 한계 부근의 농도를 포함하도록 준비한 n개의 시료를 반복 측정하여 얻은 결과의 표준편차(s)에 99% 신뢰도에서의 t-분포값을 곱한 것이며 아래와 같이 산출할 수 있고, $t_{(n-1,\ \alpha=0.01)}$는 다음 표에서 구할 수 있다.

$$\text{방법 검출 한계} = t_{(n-1,\ \alpha=0.01)} \times s$$

〈표 12-1〉 t-분포값

자유도($n-1$)	2	3	4	5	6	7	8	9
t-분포값	6.96	4.54	3.75	3.36	3.14	3.00	2.90	2.82

또 다른 방법은 각 금속류의 농도가 정량 한계 부근의 농도가 되도록 증류수에 첨가한 시료 7개를 준비하고 시료 분석 방법과 동일하게 분석하여 표준편차를 구한다.

표준편차에 3.14를 곱한 값을 방법 검출 한계로, 10을 곱한 값을 정량 한계로 나타낸다.

수행 tip

- 표준편차(S)

$$s = \sqrt{\frac{1}{n-1}\left[\sum_{i=1}^{n}(X_i - X)^2\right]}$$

X_i = 변수 x에 대한 i번째 시험검사 값

X = n회 측정한 x의 평균 값: $X = \frac{1}{n}\sum_{i=1}^{n} X_i$

3. 정량 한계

정량 한계는 시험 분석 대상을 정량화할 수 있는 측정값으로서, 제시된 정량 한계 부근의 농도를 포함하도록 시료를 준비하고 이를 반복 측정하여 얻은 결과의 표준편차(s)에 10배한 값을 사용한다.

$$\text{정량 한계} = s \times 10$$

4. 정확도

정확도(accuracy)는 시험・검사 결과가 얼마나 참값에 근접하는가를 나타내는 척도로서, 시험・검사 결과값이 참값 또는 기지의 첨가 농도와 차이가 나지 않을 때 이 시험・검사는 정확하다고 할 수 있다. 정확도 측정은 정제수에 정량 한계의 10배 농도가 되도록 표준물질을 동일하게 첨가한 시료를 4개 이상 준비하고 시료 분석 방법과 동일하게 분석하여 평균값과 표준편차를 구하며, 정확도를 구하는 방법은 아래 계산식으로 산출할 수 있다.

$$\text{정확도}(\%) = \frac{\text{분석한 결과값의 평균 농도}}{\text{주입 농도}} \times 100$$

인증 시료를 확보한 경우의 정확도를 구하는 계산식은 인증 표준 물질을 분석한 결과값 / 인증값에 100을 곱하여 산출할 수 있다.

$$\text{정확도}(\%) = \frac{\text{인증 표준물질을 분석한 결과값}}{\text{인증값}} \times 100$$

인증 시료를 확보하지 못한 경우에는 아래 계산식을 참조하여 정확도를 산출할 수 있다.

$$\text{정확도}(\%) = \frac{\text{정확한 농도를 첨가한 시료 농도} - \text{첨가하지 않은 시료를 분석한 농도}}{\text{정확한 농도를 첨가한 시료 농도}} \times 100$$

5. 정밀도

정밀도(precision)는 시험 분석 결과의 반복성을 나타내는 것으로 반복 시험하여 얻은 결과를 상대 표준편차(RSD : relative standard deviation)로 나타내며, 연속적으로 n회 측정한 결과의 평균값($\overline{x}$)과 표준편차(s)로 구한다.

$$\text{정밀도}(\%) = \frac{s}{x} \times 100$$

6. 내부 정도 관리 주기 및 목표

검출 한계, 정량 한계, 정확도 및 정밀도는 연 1회 이상 산정하는 것을 원칙으로 하며, 분석자의 변동, 분석 장비의 수리 및 이동 등의 변동 사항이 있을 경우에는 다시 실시한다. 단, 장비의 청소, 측정 장비의 감도가 의심될 때에는 언제든지 측정하여 확인해야 한다.

검정 곡선 검증 및 시약 바탕 시료의 분석은 각 시료군마다 실시하며, 고농도의 시료 다음에는 시약 바탕 시료를 측정하여 오염 여부를 점검한다.

7. 분석 결과 계산

검량 곡선 작성을 통해 산출된 검정 곡선식에 분석을 통해 시료의 농도를 계산할 수 있다. 계산된 값에는 전처리 과정에서 수행한 시료에 대한 희석 배수, 시료량을 보정하고 농도 환산 과정을 거친 후에 최종 분석 결과를 산출하며, 암모니아성 질소와 총인에 대해 산출할 수 있다.

암모니아성 질소(mg NH_3-N/L)의 분석 결과 계산에서 검정 곡선식은 최소제곱법으로 직선의 기울기(a)와 y절편(b) 및 상관 계수(R)를 구한다.

$$y = aX + b$$

$$\text{기울기 } a = \frac{n\sum xy - \sum x \sum y}{n\sum x^2 - (\sum x)^2},\quad \text{절편 } b = \frac{\sum x^2 \sum y - \sum xy \sum x}{n\sum x^2 - (\sum x)^2}$$

$$\text{상관 계수(correlation coefficient) } R = \frac{n\sum xy - \sum x \sum y}{\sqrt{[n\sum x^2 - (\sum x)^2]\ [n\sum y^2 - (\sum y)^2]}}$$

암모니아성 질소(mg NH_3-N/L))의 흡광도를 다음 표와 같이 0.2, 0.4, 0.6, 0.8, 1.0, 시료 용액 1, 시료 용액 2에 기입한다.

〈표 12-2〉 암모니아성 질소 검정 곡선(검량선) 작성 표준 용액과 분석용 시료 용액의 흡광도

표준 용액 농도(mg/L)	0.2	0.4	0.6	0.8	1.0	시료 용액 1	시료 용액 2
흡광도							

암모니아성 질소(mg NH_3-N/L)의 흡광도를 기입한 후 검정 곡선식에 계산식에 따라 산출된 값을 기입한다.

〈표 12-3〉 암모니아성 질소 검정 곡선식 기입

표준 용액 농도(mg/L) x	흡광도 y	x^2	y^2	xy
0.2		0.04		
0.4		0.16		
0.6		0.36		
0.8		0.64		
1.0		1.00		
$\Sigma x = 3.0$	$\Sigma y =$	$\Sigma x^2 = 2.2$	$\Sigma y^2 =$	$\Sigma xy =$
n: 표준 용액의 수($n = 5$)	$a = \frac{n\sum xy - \sum x \sum y}{n\sum x^2 - (\sum x)^2} =$ $b = \frac{\sum x^2 \sum y - \sum xy \sum x}{n\sum x^2 - (\sum x)^2} =$ $R = \frac{n\sum xy - \sum x \sum y}{\sqrt{[n\sum x^2 - (\sum x)^2]\ [n\sum y^2 - (\sum y)^2]}} =$ 검정 곡선식: $y = aX + b = (\ )x + (\ )$			

미지 시료의 암모니아성 질소 농도(mg NH_3-N/L)를 산출하는 계산식은 아래와 같다. C는 미지 시료의 암모니아성 질소 농도(mg NH_3-N/L), x는 분석용 시료 용액의 암모니아성 질소 농도(mg NH_3-N/L), 50은 조제한 분석용 시료 용액의 양(mL), V는 분석용 시료 용액 조제 시 취한 전처리한 시료의 양(mL), 200은 시료의 전처리 시 증류 후 포집한 유출액의 양(mL), R는 증류에 사용한 원 시료의 양(mL)으로 나타낸다.

$$C = (\mathrm{mg\ NH_3 - N/L}) \times \frac{50(\mathrm{mL})}{\mathrm{V(mL)}} \times \frac{200(\mathrm{mL})}{\mathrm{R(mL)}}$$

수행 내용 3 NH_3-N 농도계산

1 분석 결과 농도값을 계산한다(예시).

1. 표준 용액의 농도와 흡광도 측정값을 <표 12-4>에 정리한다.
   다음 표와 같이 검정 곡선 시료를 분석하여 얻은 흡광도 결과값으로 검정 곡선을 작성하고, 시료 분석 결과값을 산출한다.

〈표 12-4〉 농도와 흡광도 측정값

바탕시료	x	y	x^2	y^2	xy
0.006	0.2	0.168	0.04	0.028224	0.0336
	0.5	0.439	0.25	0.192721	0.2195
	0.8	0.624	0.64	0.389376	0.4992
	1.0	0.847	1	0.717409	0.847
Σ	2.5	2.078	1.93	1.32773	1.5993

2. 작성된 표를 토대로 검정 곡선식을 다음 그림과 같이 작성한다.

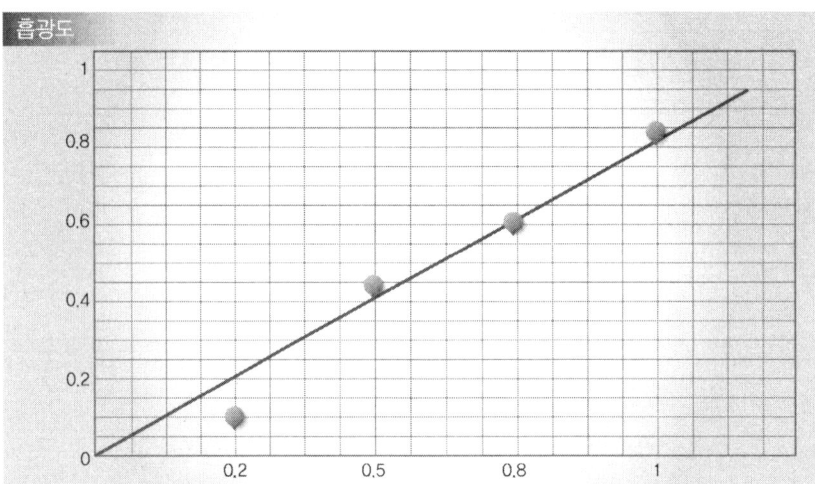

[그림 12-6] 검정 곡선식

3. 아래 계산식을 활용하여 *a*, *b*, *R*값을 계산한다.

$$a = \frac{N \cdot \Sigma xy - \Sigma x \cdot \Sigma y}{N \cdot \Sigma x^2 - (\Sigma x)^2} = \frac{4 \times 1.5993 - 2.5 \times 2.078}{4 \times 1.93 - (2.5)^2} = 0.817823129$$

$$b = \frac{\Sigma x^2 \cdot \Sigma y \ - \Sigma xy \cdot \Sigma x}{N \cdot \Sigma x^2 - (\Sigma x)^2} = \frac{1.93 \times 2.078 - 1.5993 \times 2.5}{4 \times 1.93 - (2.5)^2} = 0.008360544$$

$$R = \frac{N \cdot \Sigma xy \ - \Sigma x \cdot \Sigma y}{\sqrt{\{N \cdot \Sigma x^2 - (\Sigma x)^2\}\{N \cdot \Sigma y^2 - (\Sigma y^2)\}}}$$

$$= \frac{4 \times 1.5993 - 2.5 \times 2.078}{\sqrt{\{4 \times 1.93 - (2.5)^2\}\{4 \times 1.32773 - (2.078)^2\}}} = 0.995128806$$

$$= 0.9951$$

4. 요구되는 단위에 맞추어 결과값을 계산한다.

검정 곡선식: $Y = aX + b$이며, 미지 시료(Y): 0.334이다.

$$0.334 = 0.817823129 \cdot X + 0.008360544$$

$$X = 0.39817834$$

$$NH_3\text{-}N(mg/L) = 0.39817834 \times \frac{50mL}{2mL} = 9.9544585$$

미지 시료 농도: 9.95mg/L

② 최종적으로 계산된 값을 시험 성적서 양식에 작성한다.

1. 정확한 성적서를 작성하기 위하여 오차, 유효숫자 등을 숙지한다.
2. 비색법 항목의 시험 성적서 작성 시 결과 표시 방법은 시험 결과 표시 한계 미만의 경우 "불검출"로 표기하고, "불검출"이 아닌 경우에는 시험 결과 표시 자릿수까지 표기하도록 하고 있다(먹는 물 검사).

〈표 12-5〉 비색법 항목 결과 표시 방법

성분명	수질 기준	시험 결과	시험 결과 표시 자릿수
암모니아성 질소	0.5mg/L 이하	0.01mg/L	0.00

수행 tip

- 검정 곡선의 *R*(상관 계수)값이 1에 가깝게 나왔는지 확인한다.
- 미지 시료 농도값 계산 시 표준 용액의 개수는 검량선 작성 시 사용한 개수로 계산한다.

지도교수	확 인

〈실험실습 보고서〉

실 습 제 목			
실 습 일 자	년 월 일 시간		
실 습 조		이름	
실 습 조 명			
실 험 목 적			
관 련 이 론			
실 험 시 약			
실 험 기 구			
실험기자재			
실 험 방 법			
실 험 결 과			
실 험 소 감			

실험과정 포트폴리오

실험 일시 : 년 월 일 학년 반 번 성명 :	
실험과정 사진	실험 사진 설명

실험과정 포트폴리오

실험 일시 : 년 월 일 학년 반 번 성명 :	
실험과정 사진	실험 사진 설명

▌국가기술자격시험 답안지 작성예시▐

1. 분석항목 : 암모니아성질소

시료량(mL)	흡광도(ABS)
2	
5	
8	
10	
바탕실험액	

2. Table 작성

시료량(mL)	흡광도(ABS)
2	
5	
8	
10	
바탕실험액	

바탕실험 보정값을 Table에 소숫점 4째자리까지 계산에 적용한다.

(1) A

(2) B

(3) 상관계수 (R)

3. **그래프 작성** : 회귀직선식을 기준으로 작성하고 X축(농도), Y축 (흡광도)를 명시한다.

4. 농도계산

13주차

비색법으로 총 인(T-P) 분석하기

주차	실 습 과 제 명	소요시간
13	비색법으로 총 인(T-P) 분석하기	3

학습목표	비색법으로 총인(T-P)을 분석할 수 있다.

❶ 총 인(T-P)분석

필요지식 총인의 분석원리

총인은 하천, 호소 등의 부영양화를 나타내는 지표의 하나이며, 수중에 포함된 인의 총량을 말한다. 인구의 집중도가 큰 지역의 하천, 호소에 많다. 분석 원리로는 아스코르브산 환원법을 활용하며, 시료 중 유기 화합물을 산화 분해하여 모든 인 화합물을 인산염(PO_4^{3-})형태로 변화시킨 다음, 몰리브덴산암모늄과 반응하여 생성된 몰리브덴산암모늄을 아스코르브산으로 환원하여 생성된 몰리브덴산의 흡광도를 측정하여 총인의 농도를 구하는 방법이다.

수행 내용 1 총 인 분석

재료 · 자료

- 전처리 시약 : 과황산칼륨($K_2S_2O_8$) 용액(4w/v%)
- 분석 시약 : 인산이수소칼륨(KH_2PO_4), 황산(H_2SO_4), L-아스코르브산($C_6H_8O_6$), 몰리브덴산암모늄 사수화물[$(NH_4)_6MO_7O_{24} \cdot 4H_2O$], 주석산안티모니칼륨($KSbOC_4H_4O_6 \cdot 1/2H_2O$), 설파민산암모늄($NH_4OSO_2NH_2$)

기기(장비 · 공구)

- UV-VIS, PC, 비커, 피펫, 필러, 부피 플라스크, 건조기, 전자저울, 데시케이터, 유산지, 세척병, 홀피펫, 고압 증기 멸균기, 분해병, 흡수셀, 공학용 계산기

안전 · 유의사항

- 황산은 위험한 약품이므로 안전하게 취급한다.
- 고압 증기 멸균기는 가압 장치이므로 안전하게 취급한다.
- 표준 용액의 흡광도는 저농도부터 고농도로 차례대로 측정한다

수행 순서

1 총인 시료를 전처리 한다.

1. 시료 50mL(인으로서 0.06mg 이하 함유)를 분해병에 넣는다.
2. 1에 4% 과황산칼륨 용액 10mL를 넣어 마개를 닫고 섞는다.
3. 고압 증기 멸균기에 넣고 120℃가 될 때까지 30분간 가열한다.
4. 분해병을 꺼내 방랭한 후 실험한다.

[그림 13–1] 총인 전처리 과정

2 총인 분석 시약을 제조한다.

1. H_2SO_4 용액(2+1) : 물 33.3mL에 H_2SO_4 66.6mL를 섞는다.
2. 7.2%-아스코르브산 용액 : L-아스코르브산 7.2g을 물에 녹여 100mL로 한다.
3. 몰리브데넘산암모늄-아스코르브산 혼합액: 몰리브데넘산암모늄 1.2g과 주석산안티모니칼륨 0.048g을 물 약 76mL에 녹이고, 황산(2+1) 24mL와 설파민산암모늄 1g을 넣어 녹인 다음 물을 넣고 100mL로 하고, 여기에 7.2% L-아스코르브산 용액 20mL를 섞는다.

3 표준 용액을 제조하여 검량선을 작성한다.

1. 인산염인 표준 원액(0.1mg PO_4-P/mL)
   미리 105°C에서 건조한 KH_2PO_4 0.439g을 정확히 달아 물에 녹여 1L로 한다.
2. 인산염인 표준 용액(0.005mg PO_4-P/mL)
   인산염인 표준 원액 10mL를 정확히 취하여 물을 넣어 정확히 200mL로 한다.
3. 검량선 작성을 위한 표준 용액을 제조한다.
   (1) 인산염인 표준 용액(0.005mg PO4-P/mL)을 5, 10, 15, 20mL씩 분취하여 100mL 부피 플라스크에 각각 넣고 정제수를 넣어 표선을 채운다.
   (2) (1)에서 25mL씩 분취하여 50mL 부피 플라스크에 넣는다.
   (3) 몰리브데넘산암모늄-아스코르브산 혼합액 2mL를 넣는다.
   (4) 용액을 흔들어 섞은 후 15분간 방치한다.
   (5) 이 용액의 일부를 10mm 흡수셀에 넣고 880nm에서 흡광도를 측정하여 검량선을 작성한다.
4. 흡광도를 측정하여 총인의 농도(mg/L)를 가로축(x축)에, ABS 측정값을 세로축(y축)에 취하여 검량선을 작성한다.

4 바탕 시험액(blank)을 제조한다.

1. 검량선 작성을 위한 바탕 시험액은 정제수 30mL에 표준 용액 실험 방법과 동일하게 하여 검량선 작성 시 바탕 시험액으로 사용한다.

5 총인을 측정 분석한다.

1. 전처리 또는 여과한 시료 25mL를 취하여 50mL 부피 플라스크에 넣는다.
2. 몰리브데넘산암모늄-아스코르브산 혼합액 2mL를 넣는다.
3. 용액을 흔들어 섞은 후 15분간 방치한다.
4. 이 용액의 일부를 10mm 흡수셀에 넣고 880mm에서 측정한다.

5. 표준 용액의 흡광도(ABS)값을 계산식에 대입하여 시료의 농도값을 구한다.

수행 tip

- 총인 전처리 방법 중 분해되기 쉬운 유기물을 함유한 시료는 과황산칼륨 분해법, 다량의 유기물을 함유한 시료는 질산-황산 분해 방법으로 한다.
- 총인 측정 파장은 880 mm이므로 사용되는 흡수셀은 유리, 석영, 플라스틱 셀 중 하나를 선택해서 사용한다.

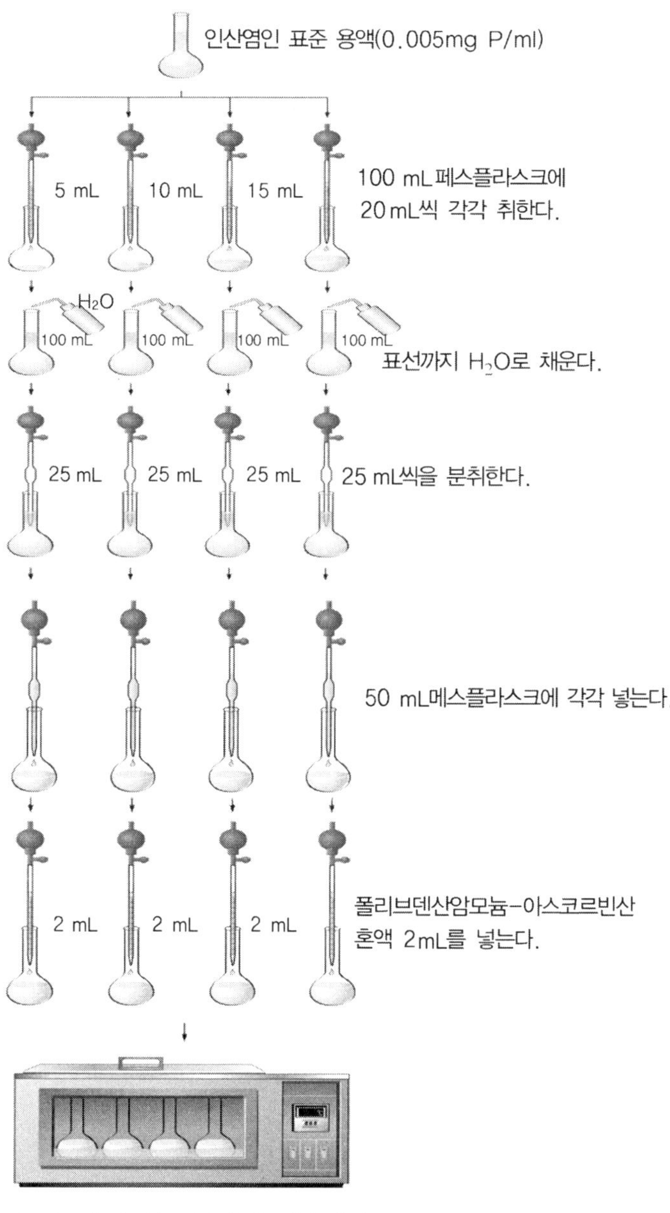

[그림 13-2] 총 인 표준 용액 실험 과정

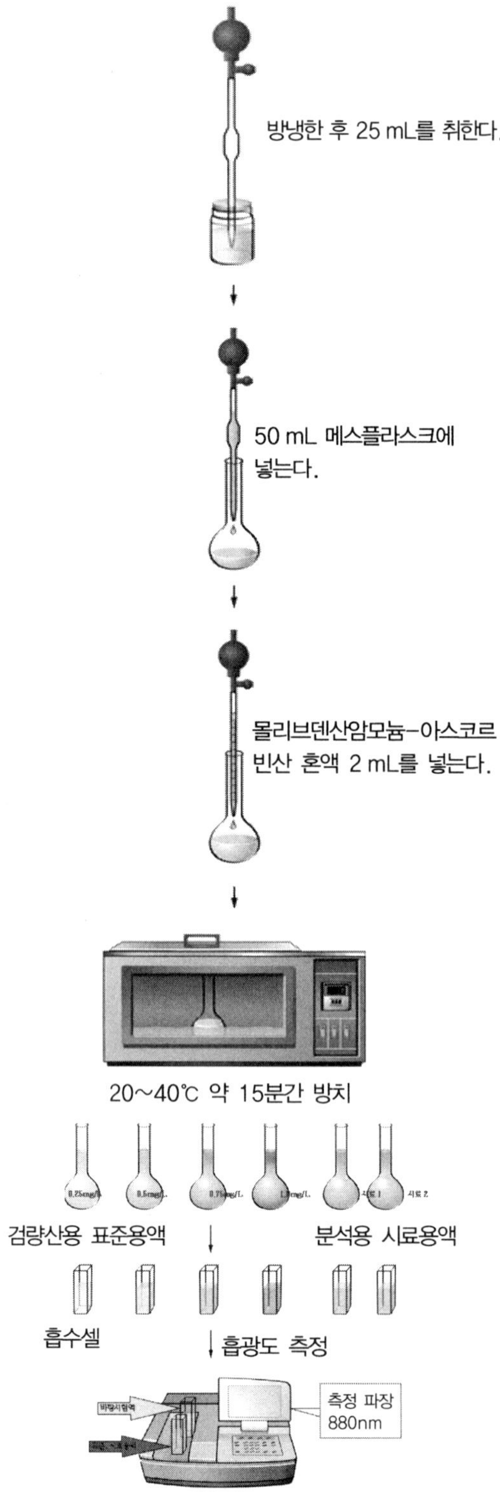

[그림 13-3] 총인 실험 과정

필요지식 　총인 분석결과

총인(mg P/L) 흡광도를 다음과 같이 0.2, 0.4, 0.6, 0.8, 1.0, 시료 용액 1, 시료 용액 2에 기입한다.

〈표 13-1〉 검정 곡선(검량선) 작성 표준 용액과 분석용 시료 용액의 흡광도

표준 용액 농도(mg/L)	0.25	0.5	0.75	1.0	시료 용액 1	시료 용액 2
흡광도						

총인(mg P/L) 검정 곡선식은 최소제곱법으로 직선의 기울기(a)와 y절편(b) 및 상관 계수(R)를 구하며, 산출된 값을 다음 표에 기입한다.

$$y = aX + b$$

$$\text{기울기 } a = \frac{n\sum xy - \sum x \sum y}{n\sum x^2 - (\sum x)^2} \quad \text{절편 } b = \frac{\sum x^2 \sum y - \sum xy \sum x}{n\sum x^2 - (\sum x)^2}$$

$$\text{상관 계수(correlation coefficient) } R = \frac{n\sum xy - \sum x \sum y}{\sqrt{[n\sum x^2 - (\sum x)^2]\ [n\sum y^2 - (\sum y)^2]}}$$

〈표 13-2〉 총인 검정 곡선식 기입

표준 용액 농도(mg/L) x	흡광도 y	x^2	y^2	xy
0.25		0.0625		
0.5		0.0025		
0.75		0.5625		
1.0		1.00		
$\Sigma x = 2.5$	$\Sigma y =$	$\Sigma x^2 = 1.6275$	$\Sigma y^2 =$	$\Sigma xy =$
n: 표준 용액의 수($n = 4$)	$a = \frac{n\sum xy - \sum x \sum y}{n\sum x^2 - (\sum x)^2} =$ $b = \frac{\sum x^2 \sum y - \sum xy \sum x}{n\sum x^2 - (\sum x)^2} =$ $R = \frac{n\sum xy - \sum x \sum y}{\sqrt{[n\sum x^2 - (\sum x)^2]\ [n\sum y^2 - (\sum y)^2]}} =$ 검정 곡선식: $y = aX + b =(\ )x + (\ )$			

미지 시료의 총인 농도(mg P/L)를 산출하는 계산식은 아래와 같으며, C는 미지 시료의 총인 농도(mg P/L), x는 분석용 시료 용액의 인 농도(mg P/L), V는 전처리에 사용한 원시료량(mL), 60은 희석 시료량(=50mL) + $K_2S_2O_8$ 용액양(=10mL)을 나타낸다.

$$\text{총인}(\mathrm{mg\ P/L}) = \mathrm{x}(\mathrm{mg\ P/L}) \times \frac{60(\mathrm{ml})}{25(\mathrm{ml})} \times \frac{1000}{\mathrm{V}}$$

수행 내용 2 총 인 분석결과 처리

1 분석 결과 농도값을 계산한다(예시).

1. 표준 용액의 농도와 흡광도 측정값을 <표 13-3>에 정리한다.
   다음 표와 같이 검정 곡선 시료를 분석하여 얻은 흡광도 결과값으로 검정 곡선을 작성하고, 시료 분석 결과값을 산출한다.

〈표 13-3〉 농도와 흡광도 측정값

바탕시료	x	y	x^2	y^2	xy
0.006	0.2	0.168	0.04	0.028224	0.0336
	0.5	0.439	0.25	0.192721	0.2195
	0.8	0.624	0.64	0.389376	0.4992
	1.0	0.847	1	0.717409	0.847
Σ	2.5	2.078	1.93	1.32773	1.5993

2. 작성된 표를 토대로 검정 곡선식을 다음 그림과 같이 작성한다.

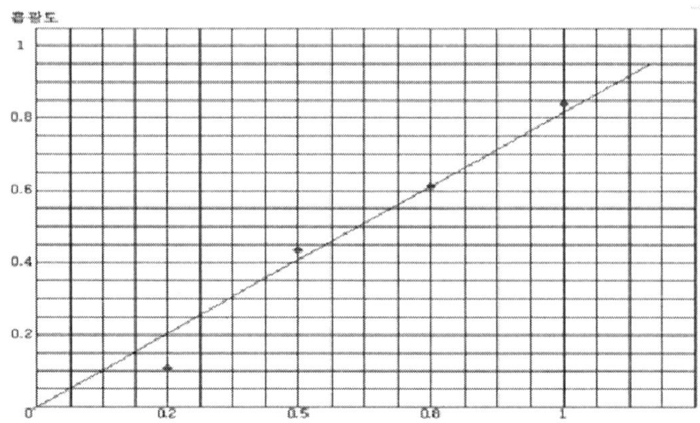

[그림 13-4] 검정 곡선식

3. 아래 계산식을 활용하여 *a, b, R*값을 계산한다.

$$a=\frac{N\cdot\Sigma xy\ -\Sigma x\cdot\Sigma y}{N\cdot\Sigma x^2-(\Sigma x)^2}=\frac{4\times1.5993-2.5\times2.078}{4\times1.93-(2.5)^2}=0.817823129$$

$$b=\frac{\Sigma x^2\cdot\Sigma y\ -\Sigma xy\cdot\Sigma x}{N\cdot\Sigma x^2-(\Sigma x)^2}=\frac{1.93\times2.078-1.5993\times2.5}{4\times1.93-(2.5)^2}=0.008360544$$

$$R=\frac{N\cdot\Sigma xy\ -\Sigma x\cdot\Sigma y}{\sqrt{\{N\cdot\Sigma x^2-(\Sigma x)^2\}\{N\cdot\Sigma y^2-(\Sigma y^2)\}}}$$

$$=\frac{4\times1.5993-2.5\times2.078}{\sqrt{\{4\times1.93-(2.5)^2\}\{4\times1.32773-(2.078)^2\}}}=0.995128806$$

$$=0.9951$$

4. 요구되는 단위에 맞추어 결과값을 계산한다(예시).

$$\text{검정 곡선식: } y=ax+b\ \rightarrow\ x=\frac{y-b}{a}$$

$$x=\frac{0.301+0.0006}{24.064}=0.01486$$

$$\text{농도 C(mg}-\text{T}-\text{P /L)}=a\times\frac{60}{25}\times\frac{1000}{50}$$

$$=0.01486\times\frac{60}{25}\times\frac{1000}{50}$$

$$=0.602(\text{mg/L})$$

[2] 최종적으로 계산된 값을 시험 성적서 양식에 작성한다.

1. 정확한 성적서를 작성하기 위하여 오차, 유효숫자 등을 숙지한다.
2. 비색법 항목의 시험 성적서 작성 시 결과 표시 방법은 시험 결과 표시 한계 미만의 경우 "불검출"로 표기하고, 불검출이 아닌 경우에는 시험 결과 표시 자릿수까지 표기하도록 하고 있다(먹는물 검사).

수행 tip

- 검정 곡선의 *R*(상관 계수)값이 1에 가깝게 나왔는지 확인한다.
- 미지 시료 농도값 계산 시 표준 용액의 개수는 검량선 작성 시 사용한 개수로 계산한다.

지도교수	확 인

〈실험실습 보고서〉

실 습 제 목			
실 습 일 자	년 월 일 시간		
실 습 조		이름	
실 습 조 명			
실 험 목 적			
관 련 이 론			
실 험 시 약			
실 험 기 구			
실험기자재			
실 험 방 법			
실 험 결 과			
실 험 소 감			

실험과정 포트폴리오

실험 일시 :　　　년　　월　　일　　학년　　반　　번　　　　　성명 :

실험과정 사진	실험 사진 설명

실험과정 포트폴리오

실험 일시 :　　년　　월　　일　　학년　　반　　번　　　성명 :	
실험과정 사진	실험 사진 설명

▌국가기술자격시험 답안지 작성예시▐

1. 분석항목 : 총인

시료량(mL)	흡광도(ABS)
2	
5	
15	
20	
바탕실험액	

2. Table 작성

시료량(mL)	흡광도(ABS)
2	
5	
15	
20	
바탕실험액	

바탕실험 보정값을 Table에 소숫점 4째자리까지 계산에 적용한다.

(1) A

(2) B

(3) 상관계수 (R)

3. 그래프 작성 : 회귀직선식을 기준으로 작성하고 X축(농도), Y축 (흡광도)를 명시한다.

4. 농도계산

14주차

비색법으로 총 질소(T-N)분석하기

주차	실 습 과 제 명	소요시간
14	비색법으로 총 질소(T-N)분석하기	3

학습목표	비색법으로 총 질소(T-N)를 분석할 수 있다.

1 총 질소(T–N) 분석

필요지식 / **총 질소 분석원리**

1. 총 질소

총 질소는 무기성 질소와 유기성 질소로 존재하며 무기성 질소에는 NO_3-N, NO_2-N, NH_3-N가 있으며, 유기성 질소에는 아미노산, 요소 등이 있다. 킬달질소는 유기질소와 암모니아성 질소의 합이다. 총질소를 흔히 킬달질소라고도 하는데 그 이유는 유기질소와 암모니아가 함께 검출되기 때문이다.

질소는 비료의 3요소로서 인과 같이 부영양화의 원인물질로 유명하다. 식물은 암모니아성 질소, 질산성 질소의 형태를 섭취한다. 남조류, 뿌리혹 박테리아는 공기 중의 질소 고정 능력을 가지고 있다. 하수, 분뇨, 농경 배수, 축 폐수, 기타 산업 폐수에 의해 발생한다.

2. 분석원리

분석원리로는 시료 중 질소화합물을 알칼리성 과황산칼륨(NaOH + $K_2S_2O_8$용액)의 존재 하에 고압증기멸균기(120℃)에서 유기물과 함께 산화 분해하여 질산이온으로 산화시킨 다음 산성에서 자외부 흡광도를 측정하여 질소를 정량하는 방법으로 분해하기 쉬운 유기물을 함유하고 있거나 자외선에서 흡광도를 나타내는데 브롬이온이나 크롬을 함유하지 않는 시료에 적용한다. 정량범위는 0.005~0.05mg-N이고 표준편차율은 3~10%이다.

수행 내용 1 총 질소 분석

재료 · 자료

- 염산(HCl), 수산화나트륨(NaOH), 질산칼륨(KNO_3)

기기(장비 · 공구)

- UV-VIS, PC, 비커, 피펫, 필러, 부피 플라스크, 건조기, 전자저울, 데시케이터, 유산지, 세척병, 홀 피펫, 고압 증기 멸균기, 분해병, 흡수셀, 공학용 계산기

안전 · 유의사항

- 염산은 위험한 약품이므로 안전하게 취급한다.
- 표준 용액의 흡광도는 저농도부터 고농도로 차례대로 측정한다

수행순서

1 시약을 제조한다.

- HCl 용액 (1+16)
  → 진한 염산 1부피와 증류수 16부피를 혼합한 것
  ※ 산을 묽힐 때는 반드시 물에 산을 서서히 저어주며 첨가한다.
- HCl 용액 (1+500)
  → 진한 염산 1부피와 증류수 500부피로 혼합한다.
- 질산성 질소 표준원액 (0.1mg NO_3-N/mL)
  → 미리 105~110°C에서 약 4시간 건조한 KNO_3 0.7218g을 정밀히 달아 물에 녹여 정확히 달아 물에 녹여 정확히 1L로 한다.
- 질산성 질소 표준용액 (0.02mg NO_3-N/mL)
  → 질산성 질소 표준원액 20mL를 정확히 취하고 물을 넣어 정확히 100으로 한다.

2 표준 용액을 제조하여 검량선을 작성한다.

- 질산성질소 표준액 (0.02mg NO_3-N/mL) 2, 4, 8, 10mL를 단계적으로 취하여 100mL 용량플라스크에 넣어 표선까지 증류수로 채운다.
- 이 용액 25mL씩을 정확히 취하여 각각 50mL의 비색관 또는 비커에 넣고 염산(1+150) 5mL를 넣은 다음 시료의 시험방법에 따라 시험하여 질소의 양과 흡광도를 측정하여 총 질소의 농

도(mg/L)를 가로축(x축)에, ABS 측정값을 세로축(y축)에 취하여 검량선을 작성한다.

3 바탕 시험액(blank)을 제조한다.

- 검량선 작성을 위한 바탕 시험액은 정제수 50mL에 표준 용액 실험 방법과 동일하게 하여 검량선 작성 시 바탕 시험액으로 사용한다.

4 총 질소를 측정 분석한다.

1. 전처리 또는 여과한 시료 25mL를 취하여 50mL 부피 플라스크에 넣는다.
2. 염산(1+16) 5mL를 넣어 용액 pH 2~3정도로 한다.
3. 이 용액의 일부를 10mm 흡수셀에 넣고 220mm에서 측정한다.
4. 표준 용액의 흡광도(ABS)값을 계산식에 대입하여 시료의 농도값을 구한다.

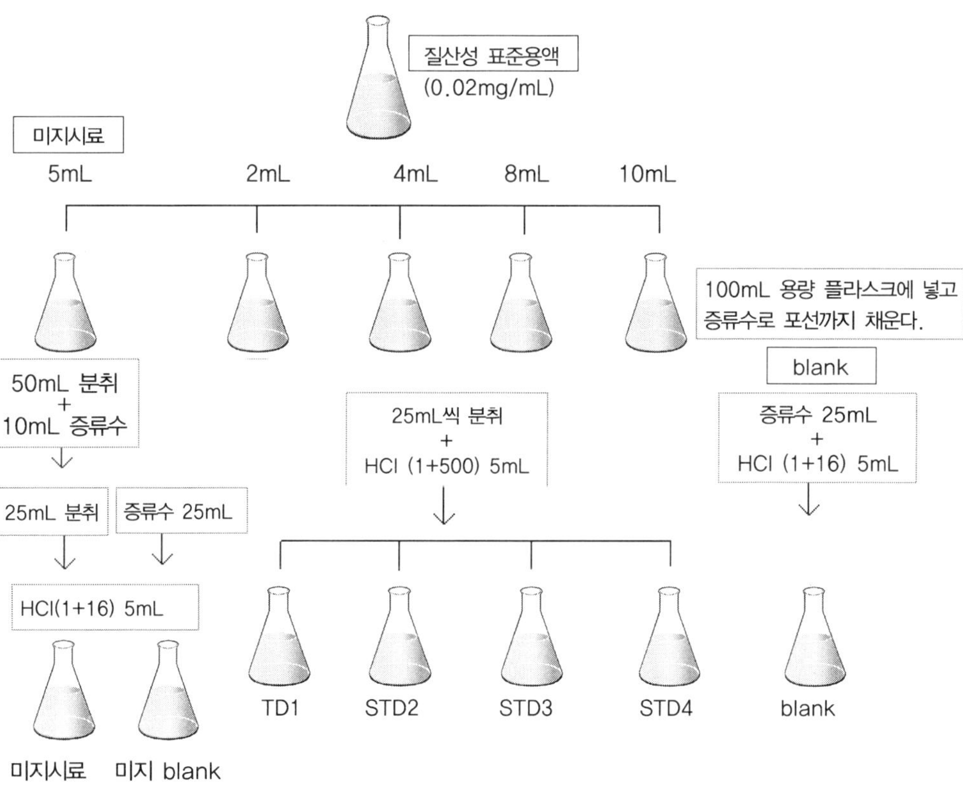

[그림 14-1] 총질소분석과정

수행내용 2 총 질소 분석결과 계산

1 분석 결과 농도값을 계산한다(예시).

1) 흡광도 측정값

용액		흡광도	
바탕액 1		0.000	
STD 1		0.088	
STD 2		0.170	
STD 3		0.333	
STD 4		0.411	
바탕액 2		0.000	
미지시료		0.177	

2) 테이블 작성

	표준용액(xi)	흡광도(yi)	xiyi	xi^2	yi^2
	0	0	0	0	0
	0.01	0.088	0.00088	0.0001	0.007744
	0.02	0.170	0.0034	0.0004	0.0298
	0.04	0.333	0.01332	0.0016	0.110889
	0.05	0.411	0.02055	0.0025	0.168921
Σ	0.12	1.002	0.03815	0.0046	0.316454

• X축 산출근거

Blank : $0.02\,\text{mg/mL} \times \frac{0}{100} \times 25\,\text{mL} = 0\,\text{mg}$

STD ① : $0.02\,\text{mg/mL} \times \frac{2}{100} \times 25\,\text{mL} = 0.01\,\text{mg}$

STD ② : $0.02\,\text{mg/mL} \times \frac{4}{100} \times 25\,\text{mL} = 0.02\,\text{mg}$

STD ③ : $0.02\,\text{mg/mL} \times \frac{8}{100} \times 25\,\text{mL} = 0.04\,\text{mg}$

STD ④ : $0.02\,\text{mg/mL} \times \frac{10}{100} \times 25\,\text{mL} = 0.05\,\text{mg}$

3) 아래 계산식을 활용하여 *a, b, R*값을 계산한다.

$$a = \frac{N\ \Sigma xiyi - \Sigma xi \Sigma yi}{N\ \Sigma xi^2 - (\Sigma xi)^2}$$

$$a = \frac{(5 \times 0.03815) - (0.12 \times 1.002)}{(5 \times 0.0046) - (0.12)^2} = 8.199$$

$$b = \frac{\Sigma xi^2 \Sigma yi - \Sigma xiyi \Sigma xi}{N\ \Sigma xi^2 - (\Sigma xi)^2}$$

$$b = \frac{(0.0046 \times 1.002) - (0.03815 \times 0.12)}{(5 \times 0.0046) - (0.12)^2} = 0.0036$$

$$R. = \frac{N\Sigma xyi - \Sigma \xi \Sigma yi}{\left[\{N\ \Sigma \xi^2 - (\Sigma \xi)^2\}\{N\Sigma yi^2 - (\Sigma yi)^2\}\right]^{\frac{1}{2}}}$$

$$R. = \frac{(5 \times 0.03815) - (0.12 \times 1.002)}{\left[\{(5 \times 0.0046) - (0.12)^2\}\{(5 \times 0.316454) - (1.002)^2\}\right]^{\frac{1}{2}}}$$

$$= 0.99986$$

4) 요구되는 단위에 맞추어 미지시료 농도 결과 값을 계산한다(예시).

$$y = ax + b \ \rightarrow \ x = \frac{y - b}{a}$$

$$x = \frac{0.177 - 0.0036}{8.199} = 0.02114829$$

$$\text{농도 C(mg}-\text{T}-\text{N /L)} = a \times \frac{60}{25} \times \frac{1000}{50}$$

$$= 0.0211 \times \frac{60}{25} \times \frac{1000}{50}$$

$$= 1.0128\ \text{(mg/L)}$$

2 최종적으로 계산된 값을 시험 성적서 양식에 작성한다.

1. 정확한 성적서를 작성하기 위하여 오차, 유효숫자 등을 숙지한다.
2. 비색법 항목의 시험 성적서 작성 시 결과 표시 방법은 시험 결과 표시 한계 미만의 경우 “불검출”로 표기하고, 불검출이 아닌 경우에는 시험 결과 표시 자릿수까지 표기하도록 하고 있다(먹는물 검사).

수행 tip

- 검정 곡선의 R(상관 계수)값이 1에 가깝게 나왔는지 확인한다.
- 미지 시료 농도값 계산 시 표준 용액의 개수는 검량선 작성 시 사용한 개수로 계산한다.

지도교수	확 인

〈실험실습 보고서〉

실 습 제 목			
실 습 일 자	년 월 일 시간		
실 습 조		이름	
실 습 조 명			
실 험 목 적			
관 련 이 론			
실 험 시 약			
실 험 기 구			
실험기자재			
실 험 방 법			
실 험 결 과			
실 험 소 감			

▌활용서식▐

실험 포트폴리오

실험 일시 :　　　년　　월　　일　　학년　　반　　번　　　　성명 :	
실험과정 사진 부착	실험 순서 및 설명 작성

실험 포트폴리오

실험 일시 : 년 월 일 학년 반 번 성명 :

실험과정 사진 부착	실험 순서 및 설명 작성

▌국가기술자격시험 답안지 작성예시 ▌

1. 분석항목 : 총질소

시료량(mL)	흡광도(ABS)
2	
4	
8	
10	
바탕실험액	

2. Table 작성

시료량(mL)	흡광도(ABS)
2	
4	
8	
10	
바탕실험액	

바탕실험 보정값을 Table에 소숫점 4째자리까지 계산에 적용한다.

(1) A

(2) B

(3) 상관계수 (R)

3. 그래프 작성 : 회귀직선식을 기준으로 작성하고 X축(농도), Y축 (흡광도)를 명시한다.

4. 농도계산

15주차

비색법으로 철(Fe) 분석하기

주차 15

실습과제명

비색법으로 철(Fe) 분석하기

소요시간 3

학습목표 비색법으로 철(Fe)을 분석할 수 있다.

1 철(Fe) 분석

필요지식 철 분석원리

1. 철의 개념

철은 지각 중에 널리 존재하는 원소로써 자연수 중에는 지표수에 0~15 mg/L, 지하수에는 20 mg/L정도를 함유하며, 환경조건에 따라 여러 가지 형태로 존재한다. 자연수 중의 철은 암석 또는 토양에 유리되며 여러 가지 형태의 침전물에서 환원되어 용출되는 것으로 알려져 있다. 수도 등 기관 내의 철은 원수 중에서도 유래되지만 철관에서도 용출된다. 특히 pH, 알칼리도가 낮거나 CO_2가 많은 물 등에서 용출이 쉽게 일어난다.

산화된 표수층의 여과된 시료 안에 있는 철의 농도가 1 mg/L에 달하는 경우는 드물다. 어떤 지표수와 산성의 오수는 더욱 많은 철을 포함하기도 한다. 수 중의 철은 세탁물이나 자기류를 더럽히는 원인이 될 수도 있다. 수렴성의 씁쓸하고도 단 맛은 1 mg/L 이상의 농도에서 어떤 사람에 의해 맛이 느껴질 수 있다.

감량 중인 상태에서 철은 제 1산화철 상태로 존재한다. 복잡한 형태의 이온의 존재가 없으면 pH가 매우 낮지 않는 한 철 이온은 많이 녹지 않는다. 공기나 산화제에 노출되면 철 이온은 제 1철로 산화되거나 수산화된 제 2 산화철로 가수분해될 수 있다.

2. 측정원리

→ 철 이온을 암모니아 알카리성으로 하여 수산화제이철로 침전분리하고 침전을 염산에 녹여서 염산히드록실아민으로 제일철로 환원한 다음 O-페난트로닌을 가한 후 초산암모늄을 가해서 pH를 4~5로 조절하고, 이때 나타난 등적색 철착염의 흡광도를 510nm에서 측정하여 철을 정

량하는 방법이다.

수행 내용 1 철 분석

재료 · 자료

- 염산(1+2), $NH_2OH \cdot HCl$(10w/v%), o–Phenanthroline($C_{12}H_8N_2 \cdot HCl \cdot H_2O$)(0.1w/v%), 아세트산 암모늄 (50w/v%), Fe 표준원액

기기(장비 · 공구)

- UV–VIS, PC, 비커, 피펫, 필러, 부피 플라스크, 건조기, 전자저울, 데시케이터, 유산지, 세척병, 홀피펫, 고압 증기 멸균기, 분해병, 흡수셀, 공학용 계산기

안전 · 유의사항

- 염산은 위험한 약품이므로 안전하게 취급한다.
- 표준 용액의 흡광도는 저농도부터 고농도로 차례대로 측정한다.

수행순서

1 시약을 제조한다.

- HCl (1+2) 용액
  → 진한 염산 1부피와 물 2부피를 섞는다.
- NH_2OH . HCl(10w/v%)용액
  → NH_2OH . HCl 10g을 물에 녹여서 100mL로 한다.
- o-Phenanthroline($C_{12}H_8N_2$. HCl . H_2O)(0.1w/v%) 용액
  → 'o-Phenanthroline($C_{12}H_8N_2$. HCl . H_2O) 0.1g을 Ethanol(95%) 20mL에 녹이고 물을 넣어 100mL로 한다.
- 아세트산 암모늄 (50w/v%) 용액
  → 아세트산 암모늄(CH_3COONH_4) 50g을 물에 녹여 100mL로 한다.
- Fe 표준원액 (1.0mg Fe/mL)
  → $FeSO_4(NH_4)_2SO_4 . 6H_2O$ 7.02g을 염산(1+1) 20mL와 소량의 물에 넣어 정확히 1L로 한다.
- Fe 표준용액(0.01mg Fe/mL)
  → Fe 표준원액 10.0mL를 정확히 취하여 물을 넣어 정확히 1000mL가 되도록 희석한다.

2 표준 용액을 제조하여 검량선을 작성한다.

- 철 표준액 (0.01mg Fe/mL) 5, 10, 20, 40 mL를 단계적으로 취하여 100 mL 용량플라스크에 넣는다.
- 염산(1+2) 6 mL를 넣은 다음 시료의 시험방법에 따라 시험하여 철의 양과 흡광도를 측정하여 철의 농도(mg/L)를 가로축(x축)에, ABS 측정값을 세로축(y축)에 취하여 검량선을 작성한다.

3 바탕 시험액(blank)을 제조한다.

- 검량선 작성을 위한 바탕 시험액은 정제수 50 mL에 표준 용액 실험 방법과 동일하게 하여 검량선 작성 시 바탕 시험액으로 사용한다.

4 철을 측정 분석한다.

1. 전처리 또는 여과한 시료 50 mL를 취하여 실험한다.
2. 염산(1+2) 6 mL를 넣어 가한다.
3. 100 mL 용량플라스크에 옮기고 물을 넣어 액량을 70 mL로 하고 염산하이드록실아민 용액(10 W/V %) 1 mL를 넣어 흔들어 섞는다.
4. o - Phenanthroline(0.1 W/V %) 5 mL를 넣어 흔들어 섞는다.
5. 이 용액에 초산암모늄 용액(50 W/V %) 10 mL를 넣어 흔들어 섞은 다음 실온까지 식힌다.
6. 여기에 물을 넣어 흔들어 섞은 다음 20분간 방치하여 시료용액으로 한다.
7. 이 용액의 일부를 10 mm 흡수셀에 넣고 510 mm에서 측정한다.
8. 표준 용액의 흡광도(ABS)값을 계산식에 대입하여 시료의 농도값을 구한다.

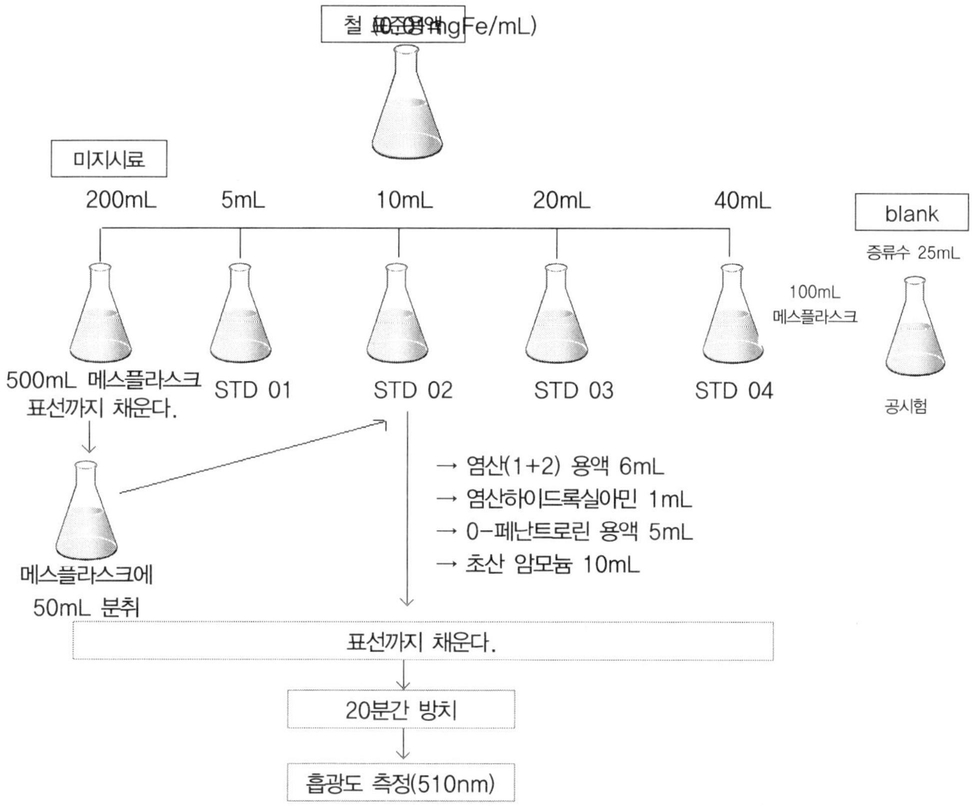

[그림 15-1] 철분석과정

수행 내용 2 철 분석결과 계산

1 분석 결과 농도값을 계산한다(예시).

1) 흡광도 측정값

용액	흡광도
바탕액 1	0.000
STD 1	0.098
STD 2	0.195
STD 3	0.396
STD 4	0.786
바탕액 2	0.000
미지시료	0.394

2) 테이블 작성

	표준용액(xi)	흡광도(yi)	xiyi	xi^2	yi^2
	0	0	0	0	0
	0.05	0.098	0.0049	0.0025	0.009604
	0.1	0.195	0.0195	0.01	0.038025
	0.2	0.396	0.0792	0.04	0.156816
	0.4	0.786	0.3144	0.16	0.617796
Σ	0.75	1.475	0.418	0.2125	0.822241

- x축의 산출근거

  0.01 mg/mL × 0 mL = 0 mg

  0.01 mg/mL × 5 mL = 0.05 mg

  0.01 mg/mL × 10 mL = 0.1 mg

  0.01 mg/mL × 20 mL = 0.2 mg

  0.01 mg/mL × 40 mL = 0.4 mg

3) 아래 계산식을 활용하여 *a*, *b*, *R*값을 계산한다.

$$a = \frac{N\ \Sigma xiyi - \Sigma xi \Sigma yi}{N\ \Sigma xi^2 - (\Sigma xi)^2}$$

$$a = \frac{(5 \times 0.06354) - (0.125 \times 1.593)}{(5 \times 0.004825) - (0.125)^2} = \frac{0.118575}{0.0085}$$

$$a = 13.95$$

$$b = \frac{\Sigma xi^2 \Sigma yi - \Sigma xiyi \Sigma xi}{N\ \Sigma xi^2 - (\Sigma xi)^2}$$

$$b = \frac{(0.2125 \times 1.475) - (0.418 \times 0.75)}{(5 \times 0.2125) - (0.75)^2}$$

$$b = -0.000125$$

$$R = \frac{N\ \Sigma xiyi - \Sigma xi \Sigma yi}{\left[N\{\Sigma xi^2 - (\Sigma xi)^2\}\{N\ \ \Sigma yi^2 - (\Sigma yi)\}^2\right]^{\frac{1}{2}}}$$

$$R = \frac{(5\times 0.418)-(0.75\times 1.475)}{[\{(5\times 0.2125)-(0.75)^2\}\{(5\times 0.822241)-(1.475)^2\}]^{\frac{1}{2}}}$$

$$R = 0.99986599$$

4) 요구되는 단위에 맞추어 미지시료 농도 결과값을 계산한다(예시).

$$y = ax + b \;\rightarrow\; x = \frac{y-b}{a}$$

$$y = 1.9675x - 0.000125 \;\rightarrow\; x = \frac{0.394 + 0.000125}{1.9675} = 0.200317662$$

$$\text{농도C (mg}-\text{Fe/l)} = \text{a(mg)}\,\frac{1000\text{mL/L}}{50\text{mL}} = 20\text{a(mL)}$$

$$= 0.200317662\times 20$$
$$= 4.00635324(\text{mg/L})$$

2 최종적으로 계산된 값을 시험 성적서 양식에 작성한다.

1. 정확한 성적서를 작성하기 위하여 오차, 유효숫자 등을 숙지한다.
2. 비색법 항목의 시험 성적서 작성 시 결과 표시 방법은 시험 결과 표시 한계 미만의 경우 "불검출"로 표기하고, "불검출"이 아닌 경우에는 시험 결과 표시 자릿수까지 표기하도록 하고 있다(먹는 물 검사).

수행 tip

- 검정 곡선의 R(상관 계수)값이 1에 가깝게 나왔는지 확인한다.
- 미지 시료 농도값 계산 시 표준 용액의 개수는 검량선 작성 시 사용한 개수로 계산한다.

지도교수	확 인

〈실험실습 보고서〉

실 습 제 목			
실 습 일 자	년　　월　　일　　시간		
실　습　조		이름	
실 습 조 명			
실 험 목 적			
관 련 이 론			
실 험 시 약			
실 험 기 구			
실험기자재			
실 험 방 법			
실 험 결 과			
실 험 소 감			

실험과정 포트폴리오

실험 일시 : 년 월 일 학년 반 번 성명 :

실험과정 사진	실험 사진 설명

실험과정 포트폴리오

실험 일시 :　　년　　월　　일　　학년　　반　　번　　　　성명 :	
실험과정 사진	실험 사진 설명

▌국가기술자격시험 답안지 작성예시▐

1. 분석항목 : 철

시료량(mL)	흡광도(ABS)
2	
5	
8	
10	
바탕실험액	

2. Table 작성

시료량(mL)	흡광도(ABS)
2	
5	
8	
10	
바탕실험액	

바탕실험 보정값을 Table에 소숫점 4째자리까지 계산에 적용한다.

(1) A

(2) B

(3) 상관계수 (R)

3. **그래프 작성** : 회귀직선식을 기준으로 작성하고 X축(농도), Y축 (흡광도)를 명시한다.

4. 농도계산

저 / 자 / 소 / 개

박 혜 숙

- 대전대학교 환경공학과 공학박사
- 현) 대전보건대학교 환경보건과 교수

▌NCS 교육과정에 따른 수질오염물질 분석 ▌

1판 1쇄 발행 2019년 3월 4일

저　　자 | 박혜숙
발 행 인 | 서철종
발 행 처 | 도서출판 지우북스
주　　소 | 경기도 고양시 일산서구 강성로 147 동문시티프라자 814호
전　　화 | 031-915-6670(代)
팩　　스 | 031-915-6671
이 메 일 | jwbooks@nate.com
홈페이지 | www.jwbooks.co.kr
출판등록 | 2017년 2월 16일 제 410-2017-000032 호

ISBN ISBN　979-11-88673-35-3

정가 15,000원